Die Lehren

der

Forstwissenschaft.

Ein Leitfaden für den Unterricht der Forsteleven,

zum

Gebrauch für Forstkandidaten, Forstpraktikanten, Forstgehilfen, Förster u. s. w. und zum Selbstunterricht für Waldbesitzer und Gutsverwalter.

Von

Theodor Ebermayer,

kgl. bayer. Forstmeister.

Dritte umgearbeitete und verbesserte Auflage.

Mit 28 in den Text gedruckten Holzschnitten.

Berlin.

Verlag von Julius Springer.

1882.

ISBN-13:978-3-642-89635-4   e-ISBN-13:978-3-642-91492-8
DOI: 10.1007/978-3-642-91492-8
Softcover reprint of the hardcover 3rd edition 1882

Vorrede.

Um den Forst-Candidaten in der Vorlehre eine Uebersicht über das ganze Gebiet der auf der Forstlehranstalt zu erlernenden Wissenschaft zu geben — stellte Unterfertigter auf Anregung des Herrn Ministerialrathes Dr. v. Mantel schon vor mehreren Jahren die Lehren unserer Wissenschaft kurz zusammen. Seitdem erschienen die Allerhöchsten Bestimmungen über Aufnahme der Forst-Eleven mit einem Programm über jene Gegenstände, auf welche sich der Unterricht der Forst-Eleven zu erstrecken habe. Dies gab mir Veranlassung, mein früheres Manuscript in Etwas zu erweitern und dasselbe auch zu einem kurzen Leitfaden für den Unterricht der Forst-Eleven umzuarbeiten. Daß ich solches — ursprünglich nur für die bei mir sich befindenden Forsteleven bestimmt — dem Druck übergeben habe, hat seinen Grund darin, daß vielfach an mich das Ansuchen um Mittheilung desselben gestellt wurde, ohne daß ich diesem Wunsche entsprechen konnte; durch den Druck wird Jedermann nun Gelegenheit geboten, diese kleine Arbeit sich leicht verschaffen zu können.

Bei dieser Zusammenstellung benützte ich vor Allem die trefflichen einschlägigen Werke meiner früheren Lehrer, Heinrich Cotta, Roßmäßler, Krutzsch, Preßler, dann das vorzügliche Werk: Säen und Pflanzen von Burkhardt, wie die bezüglichen Instruktionen des bayerischen Finanzministeriums.

Seeshaupt in Oberbayern, im Januar 1872.

Theodor Ebermayer,
k. Oberförster.

Zur zweiten Auflage.

Nachdem die erste Auflage dieses Leitfadens vergriffen ist, habe ich mich entschlossen, eine zweite, sehr vermehrte und verbesserte, dem Drucke zu übergeben. Obgleich ich in derselben sämmtliche Lehren etwas ausführlicher behandelt habe, als in der ersten Auflage, so ist das Schriftchen doch nach wie vor nur als Kompendium aufzufassen, an welches die mündliche Unterweisung und die praktischen Demonstrationen des Lehrherrn sich anzuschließen haben, welcher je nach Bedürfniß seines Schülers das Einschlägige daraus entnehmen wird, so z. B. aus dem Kapitel über Forsteinrichtung für die Eleven nur die denselben hieraus bekannt zu gebenden Vorschriften über Vermarkung und Waldeintheilung.

Bei der gänzlich neuen Umarbeitung dieses Leitfadens war ich bemüht, die Resultate der letztjährigen wissenschaftlichen Untersuchungen meines Bruders, des Professors Dr. Ernst Ebermayer in Aschaffenburg, soweit solches möglich war, zu verwerthen.

Regensburg, im Dezember 1876.

Theodor Ebermayer,
k. Kreis-Forstmeister.

Zur dritten Auflage.

Indem ich diesen Leitfaden in dritter vermehrter und ver=
besserter Auflage der Oeffentlichkeit übergebe, glaube ich geehrter
bezüglicher Recension gegenüber bemerken zu sollen, daß ich auch
in dieser Auflage die Hilfswissenschaften aus dem Grunde beibe=
halten habe, weil gemäß der betr. Allerhöchsten Bestimmungen
über Aufnahme der Forsteleven in Bayern der Unterricht für
letztere sich sowohl über die Hilfs= als Hauptwissenschaften in
den dort angegebenen Grenzen zu erstrecken hat. Da ferner nach
diesen Bestimmungen der Eintritt in die Forstlehre durch den
Besuch des zweiten Kurses des Realgymnasiums, oder des vierten
Kurses einer Realschule oder des fünften Kurses eines humanistischen
Gymnasiums bedingt ist und in diesen Kursen zwar die Grund=
begriffe der Geometrie, aber nicht jene der Stereometrie gelehrt
werden, so war es nöthig, die Begriffe über geometrische Körper
aufzunehmen, denen dann der Vollständigkeit halber auch jene
über geometrische Flächen kurz vorgesetzt wurden. Im Uebrigen
war ich bemüht, sämmtliche Lehren, insbesondere aber jene über
die Hauptwissenschaften, wiederholt entsprechend zu ergänzen, um
das Werkchen auch zum Gebrauche für Forstkandidaten, Forst=
praktikanten ꝛc. geeignet zu machen, wobei ich das neueste Werk
meines Bruders Ernst, des nunmehrigen ord. öffentl. Professors
an der Universität München, die physiologische Pflanzenchemie,
bei den einschlägigen Kapiteln möglichst benützte.

Friedberg in Oberbayern, im Juli 1882.

Theodor Ebermayer,
l. Forstmeister.

Inhalts-Verzeichniß.

— VII —

Einleitung.

___

Was ist Forstwissenschaft?

Der Inbegriff derjenigen Lehren und Grundsätze, die uns zeigen, wie die Waldungen ihren jedesmaligen Zwecken entsprechend benützt und bewirthschaftet werden sollen.

Was ist Forstwirthschaft?

Die Anwendung dieser Lehren auf die verschiedenen Forstgeschäfte.

Was ist Forstwesen?

Der Inbegriff der Forstwissenschaft und Forstwirthschaft, i. e. der bezüglichen Lehren und deren Anwendung.

Was ist Wald?

Wald im forstwirthschaftlichen Sinne ist eine zur Holzzucht bestimmte und mit Waldbäumen soweit bestockte Fläche, daß durch die vorhandene Bestockung auf natürlichem Wege die Wiederverjüngung erfolgen kann. Durch geregelte Pflege und Bewirthschaftung wird der Wald zum Forste, und ist der Förster als Pfleger des Waldes ein wichtiger Arbeiter im Dienste des Völkerlebens. Der Forstmann hat nicht bloß Wälder zu benützen, sondern auch zu erziehen. Er säet und pflanzt aber nicht für sich, sondern für seine Nachkommen.

Wichtigkeit der Waldungen.

Sie liefern nicht nur das nöthige Holzmaterial, sondern schützen auch gegen die austrocknenden Sonnenstrahlen, erhalten die Quellen, befördern die Regenmenge, die Luft= und Boden=feuchtigkeit und damit die Fruchtbarkeit eines Landes; sie stumpfen die Temperatur=Extreme ab und tragen zur Erhaltung der Boden=wärme bei, indem sie den Boden vor allzu großer Wärmeaus=strahlung schützen. Von den Blättern der Bäume wird nicht nur Wasser in Gasform, sondern während des Tags namentlich auch Sauerstoff ausgehaucht (Ozon). Die Waldungen sind daher mit eine Hauptquelle des allen lebenden Geschöpfen nöthigen Sauer=stoffes in der Atmosphäre.

Schon lange erkannte man die Bedeutung des Waldes für's Klima; im Walde hat sich der Staat nicht nur eine sichere Holz=quelle, sondern auch einen der wichtigsten meteorologischen Fak=toren zu erhalten. Nicht zu verkennen ist, daß auch die Wal=dungen einen entschiedenen Einfluß auf den Volkscharakter und auf die Gewerbsthätigkeit der Gegend=Bewohner ausüben.

Vormaliger Zustand der Waldungen.

In frühester Zeit war bei uns der Boden größtentheils mit Wald bestockt. Die Waldungen waren aber nicht wegen der Holzbenutzung wichtig, sondern sie dienten den alten Deutschen zur Jagd und zum Schutz gegen andringende Feinde. Wald und Hain war denselben gleichzeitig „Tempel", insbesondere wurden Linde, Eiche und Esche als heilige Bäume verehrt. Sie waren bis 700 n. Chr. Gemeingut und gemeinschaftlicher Nutzung unterworfen; wer ein Stück rodete, kam dadurch in den Besitz von Grund und Boden, und dadurch, daß der Grundbesitzer auch die anstoßenden Waldungen in Pflege nahm und sich aneignete, wurde derselbe Waldeigenthümer.

Karl der Große (742—814) und seine Nachfolger nahmen sodann die noch herrenlos gebliebenen Waldungen zur Hege des Wildes als Reichs= oder Bannwaldungen in Besitz und setzten zu deren Ueberwachung Waldgrafen ein. Uebrigens hatte noch im 12. Jahrhundert das Holz keinen Werth, was schon daraus hervorgeht, daß Jeder, so z. B. im Stift Maurermünster=Walde, gegen Entrichtung von 5 Eiern und 1 Henne zur Osterzeit Kohlen nach Belieben brennen und Material hiezu verwenden durfte, die Hauptsache war die Nutzung der Jagd, Mast, Weide, Fischerei und Bienenzucht (Zeidlerwesen). Später gingen aber wieder ursprünglich gemeinschaftliche Waldungen (Markgenossenschafts= oder Gemeindewaldungen) durch Theilung und Reichswaldungen schenkungs= oder lehensweise in den Privatbesitz über, während erst nach 1300 Waldeigenthum mittelst Kauf erworben wurde, und die Waldungen einen größeren Werth erhielten.

Unter Heinrich VII. sind bereits die ersten Forstordnungen erschienen, welche die Aufforstung devastirter Waldungen und eine Beschränkung in der Holznutzung bezweckten. So befiehlt dieser Kaiser 1310 dem Konrad und Otto Stromer, den Nachkommen der Nürnberger Patricierfamilie Stromer, welche bereits 1223 von Friedrich II. von Hohenstaufen mit der Würde des Reichsforst= meisters belehnt wurde (daher Waldstromer genannt), den zum Theil abgetriebenen Nürnberger Reichswald wieder in den früheren Stand zu bringen. Schon im 14. Jahrhundert zeigen sich Spuren von Waldeintheilung, und wurden zur Abgrenzung der Waldungen im Inneren sogenannte Schneußen aufgehauen, wie auch bereits eine nachhaltige Nutzung durch Eintheilung der Wal= dungen in Jahresschläge angestrebt wurde; eine bei den Akten des Forstamts Friedberg befindliche Holzordnung von Wilhelm, Pfalzgrafen bei Rhein und Herzog von Ober= und Niederbayern vom Jahre 1545 schreibt für die Waldungen der Grafschaft Mering bereits die Abgabsweise und zum Theile die Wieder= verjüngung des Holzes vor, und die allgemeine Forstordnung für Ober= und Niederbayern vom Jahre 1616 erläßt bereits genauere forstpolizeiliche und wirthschaftliche Vorschriften, denen 1694 die Forstordnungen für das Herzogthum Neuburg und die ober= pfälzischen Herzogthümer folgten.

Erst im 18. Jahrhundert wurden die forstlichen Erfahrungen in Werken gesammelt; so ist 1713 v. Karlowitz's „Anweisung zur wilden Baumzucht", 1759 Beckmanns „pflegliche Forstwirth=

schaft" erschienen, welchen später die Werke von Burgsdorf's Hartig's und Anderer folgten. 1763 wurde die erste Forstschule am Harz von Herrn v. Zanthier errichtet, 1790 jene zu München; nun sucht und findet der junge Forstmann seine fachwissenschaftliche Bildung an der Universität.

Verschiedene Zwecke der Waldbehandlung.

Von der produktiven Bodenfläche Deutschlands sind über 27% mit Wald bestanden, ein Flächenraum von circa 15 Millionen ha; die Holzmasse, welche jährlich producirt wird, kann auf 50 Millionen Festmeter à 10—12 $M.$ veranschlagt werden. Bei einem Durchschnittswerthe von nur 1600 $M.$ pro ha Boden und Holzbestand beträgt der Kapitalwerth für Deutschlands Waldbesitz 24 Milliarden Mark. Der Waldbesitz Bayerns beträgt an produktiver Fläche $2\frac{1}{2}$ Mill. ha oder 34% des Gesammtflächeninhalts. Die Staatswaldungen betragen circa 900,000 ha. Dieses unersetzliche Nationalgut muß vor Entwerthung thunlichst geschützt und conservativ gepflegt und behandelt werden.

Bei der Waldbehandlung können verschiedene Zwecke verfolgt werden:

1) Es kann die Wirthschaft darauf gerichtet sein, nachhaltig das meiste Holz zu erzeugen, beziehungsweise auf kleinster Fläche die größte Holzmasse zu produciren, zu welchem Zwecke man beim Umtrieb nicht unter diejenige Periode des Bestandsalters herabgehen darf, in welcher nicht mehr der größte Durchschnittszuwachs erfolgt;

2) oder es soll der größte Geldgewinn, die höchste Bodenrente, ein großer Ueberschuß an Rohertrag gegenüber den Produktionskosten (Bodenrente, Ausgaben für Verwaltung und Schutz, Steuern, Kulturkosten mit Zinsen) erzielt werden, oder

3) es soll durch die Bewirthschaftung das allgemeine Staatswohl befördert werden.

Der Staat hat daher die den allgemeinen Bedürfnissen des Landes entsprechenden Holzsortimente, namentlich auch die

stärkeren Bau= und Nutzhölzer, welche ein höheres Abtriebs=
alter erfordern, zu erziehen, so wie eine Reserve für unvorher=
gesehene Ereignisse zu schaffen. Die Einkünfte der Staatswal=
dungen dienen zur Erleichterung der Steuerlast sämmtlicher
Staatsangehörigen; wenn es sich daher nicht um Schutzwaldungen
handelt, muß auch bei ihnen eine möglichst hohe Rente, ein hoher
Reinertrag angestrebt werden, was insbesondere durch Erziehung
von möglichst viel Nutzholz geschehen kann, denn Nutzholzwirth=
schaft wirft jährlich durchschnittlich pro ha 40—60 M., Brenn=
holzwirthschaft nur 20—30 M. Reinertrag ab. Die gebrauchs=
fähigsten Forstprodukte sind auf dem kürzesten Wege und mit dem
geringsten Produktionsaufwande zu erstreben; die Staatswaldungen
sind Gesammtgut der Nation, die lebende Generation ist daher
nur zum Genusse der Früchte dieses Nationalvermögens berechtigt.

Das Lehrgebäude der Forstwissenschaft zerfällt:

I. In die Grund= und Hilfswissenschaften, auf die sich die
Lehren der Hauptwissenschaften stützen und

II. In die Hauptwissenschaften.

A. Hilfswissenschaften.

Zu den Hilfswissenschaften gehören:

I. Mathematik.

Sie zerfällt in reine und angewandte. Die reine umfaßt
die Zahlenlehre (Arithmetik) und die Raumlehre (Geometrie). An=
wendung findet die Mathematik in der Mechanik, Optik, Astro=
nomie, Geodäsie (Meßkunst) u. s. w.

Der Forstmann braucht Mathematik, um Waldungen zu ver=
messen, den cubischen Inhalt von Bäumen, Gräben u. s. w. zu
bestimmen, dann die gewöhnlichen Geschäftsrechnungen, Zuwachs=
berechnungen herzustellen.

**Kurze Darstellung des neuen Maß= und Gewichts=
systems.**

Längenmaße.

Sie nehmen das 10fache zu oder ab.

Die Einheit derselben bildet das Meter und bedeutet solches den 40 millionsten Theil des Erdmeridians; des Mittagskreises.

1 Meter (m) = 10 Dezimeter (dm) = 100 cm = 1000 mm.

1 Dezimeter = 0,1 m = 10 Centimeter (cm) = 100 mm.

1 Centimeter = 0,01 m = 10 Millimeter (mm).

Der hundertste Theil des Meter heißt somit das Centimeter, der tausendste Theil das Millimeter. Zehn Meter heißen das Dekameter (dcm); tausend Meter das Kilometer (km) = 100 Dekameter.

1 Meter = 3,426 bayr. Fuß.

1 bayr. Fuß = 0,292 m.

5 Meter = 6 bayr. Ellen.

1 bayr. Wegstunde = $3^{7}/_{10}$ Kilometer.

1 Kilometer etwas größer als $^{1}/_{4}$ Wegstunde; 5 Kilometer legt man in einer Stunde zurück.

Flächenmaße.

Dieselben nehmen das 100 fache zu oder ab.

Die Einheit derselben bildet das Quadratmeter (qum), d. h. ein Quadrat, welches 1 Meter lang und 1 Meter breit ist.

1 Ar (a) = 100 Quadratmeter (10 Meter lang und breit) oder 100 Centiar.

1 Hektar (ha) = 10000 Quadratmeter = 100 Ar (100 Meter lang und breit).

ca. 34 Quadratmeter = 1 Dezimale.

1 Hektar = 2 Tagwerk 93,5 Dezimalen oder genauer 2,9349 b. Tgwk.

1 Tagwerk = 0 Hektar 34 Ar 07 Quadratmeter oder 0,3407 ha.

1 □m = 100 □dm = 10 000 □cm
    und umgekehrt:

1 □dm = 0,01 □m.

1 □cm = 0,0001 □m.

Die Einheit des Feldmaßes ist das Hektar, dessen Unterabtheilungen durch Ar und Quadratmeter bezeichnet werden und haben die Flächenangaben in Hektaren mit drei Dezimalen zu erfolgen.

Z. B. 35,764 ha = 35 ha 76 a und $^4/_{10}$ Ar oder 40 qum (Centiar) = 357640 qum = 35764000 qudm = 3576400000 qucm.

Körper- und Hohlmaße.

Sie nehmen das 1000fache zu oder ab.

Die Einheit der Körpermaße ist das Cubik-Meter (cbm) oder ein Würfel, welcher 1 Meter lang, 1 Meter breit und 1 Meter hoch ist.

Die Einheit der Hohlmaße in cylindrischer Form ist ein Cub.-Dezimeter, Liter (l) genannt, gleich dem tausendsten Theil eines Cub.-Meters.

1 Cub.-Meter = 10 × 10 × 10 = 1000 Cub.-Dezimeter (cdm) und gleich 100 × 100 × 100 = 1000000 Cub.-Centimeter (ccm).

umgekehrt:

1 Cub.-Dezimeter = 0,001 Cub.-Meter.

1 Cub.-Centimeter = 0,000001 Cub.-Meter.

100 Liter = 1 Hektoliter (Ohm) (hl) oder 1 hl der 10. Theil des Kubikmeters.

1 Liter = 0,935 bayr. Maß.

1 Hektoliter = 1,46 bayr. Eimer, dann = 2,698 bayr. Metzen und 0,45 bayr. Scheffel.

Gewichte.

Die Einheit des metrischen Gewichtes ist das Kilogramm (kg) = 2 Zollpfund = 1000 Gramm, oder das Gewicht eines Cub.-Dezimeters, d. h. eines Liters destillirten Wassers bei seiner größten Dichtigkeit und Reinheit, das ist bei einer Temperatur von + 4° C.

50 Kilogramm oder 100 Pfund = 1 Centner.

1000 Kilogramm oder 2000 Pfund = 1 Tonne (t).

Der tausendste Theil eines Kilo = 1 Gramm (g).

Der zehnte Theil eines Gramms = 1 Dezigramm (dg).

Der hundertste Theil eines Gramms = ein Centigramm (cg).

Der tausendste Theil eines Gramms = 1 Milligramm (mg).

500 Gramm = 1 Zollpfund.
560 Gramm = 1 bayr. Pfund.
17,5 Gramm = 1 bayr. Loth.
4,375 Gramm = 1 bayr. Quentchen.

Holzmaße.

Die Einheit für die Holzmaße bildet der Würfel des Meters, und es heißt ein solcher Würfel solider Holzmasse „Cubik-Meter" (Fest-Meter), dagegen der mit losen Holzstücken ausgefüllte Raum desselben „Ster" (Raummmeter).

1 Cub.-Meter = 40,22 bayr. Cub.-Fuß.
ca. $3\frac{1}{7}$ Cub.-Meter = 1 bayr. Klafter.

Geometrische Flächen und Körper.

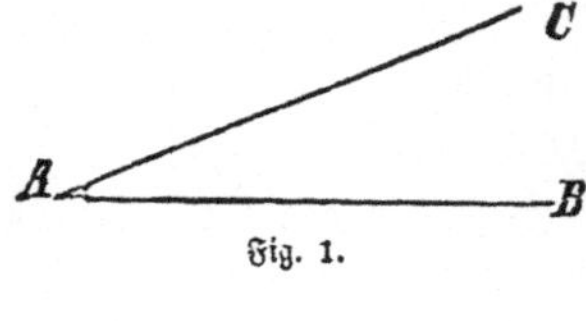
Fig. 1.

Wenn zwei gerade Linien AB und AC sich schneiden (Fig. 1), so entsteht ein Winkel; die denselben bildenden Linien heißen Schenkel, und der gemeinschaftliche Punkt A wird Scheitel genannt.

Zwei auf einer geraden Linie gebildete Winkel heißen Nebenwinkel; sind dieselben gleich, so nennt man sie rechte Winkel (Fig. 2); der rechte Winkel wird in 90 gleiche Theile eingetheilt, welche man Grade nennt, 1 Grad ist also der 90. Theil

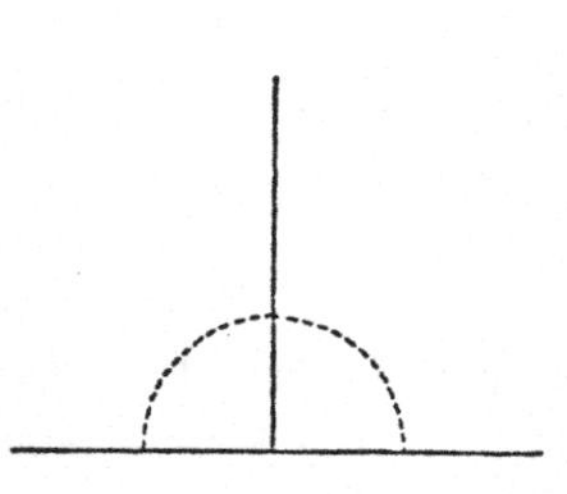
Fig. 2.

eines rechten Winkels. „Grad" ist überhaupt die Einheit des Maßes für Kreisbogen und Winkel.

Zwei Rechte (180°) bilden einen gestreckten Winkel, dessen Schenkel eine Gerade bilden und nach entgegengesetzten Seiten gerichtet sind.

Die Größe der Winkel wird durch die beiderseitige Neigung der Schenkel bestimmt; der rechte Winkel dient zur Vergleichung der übrigen Winkel.

Durchschneiden sich 3 gerade Linien in 3 Punkten, so bildet sich das Dreieck.

Dreiecke nennt man gleichseitig, wenn alle Seiten gleich lang sind (Fig. 3), ungleichseitig, wenn dies nicht der Fall ist.

Fig. 3.

Sind in einem Dreieck zwei Seiten (Fig. 4), Schenkel genannt, gleich, so heißt es ein gleichschenkeliges.

Ferner unterscheidet man rechtwinkelige Dreiecke (Fig. 5) wenn ein Winkel ein rechter ist, dann spitzwinkelige und stumpfwinkelige Dreiecke (Fig. 6).

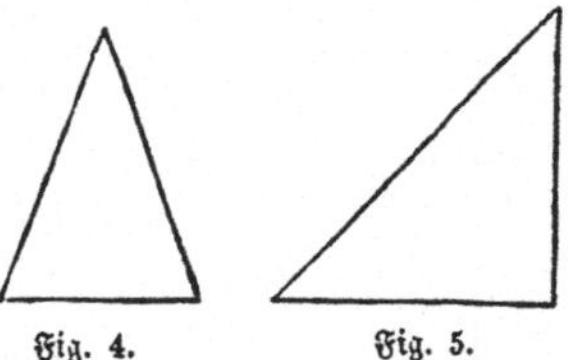

Fig. 4.   Fig. 5.

Stumpfwinkelig wird das Dreieck genannt, wenn einer der drei Winkel ein stumpfer, d. h. größer als ein rechter ist; spitzwinkelig, wenn alle drei Winkel spitz, d. h. kleiner als ein rechter sind.

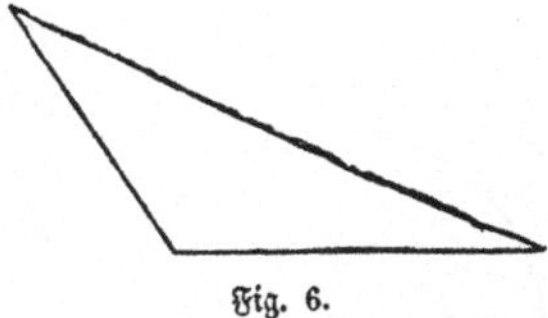

Fig. 6.

Im rechtwinkeligen Dreieck nennt man die dem rechten Winkel gegenüberliegende Seite Hypothenuse, die beiden andern Katheten.

Die untere Seite heißt gewöhnlich die Grundlinie, doch kann auch jede andere Seite als Grundseite angesehen werden. Jener Eckpunkt, der der angenommenen Grundseite gegenüberliegt, heißt die Spitze des Dreiecks, und eine Senkrechte aus der Spitze auf die Grundlinie gezogen, heißt die Höhe des Dreiecks.

Beim rechtwinkeligen Dreieck ist die eine Kathete die Grundlinie, die andere die dazu gehörige Höhe.

Jede von vier geraden Linien (Fig. 7) eingeschlossene Fläche oder Ebene heißt Viereck, jede von mehr als vier Seiten eingeschlossene, Vieleck oder Polygon.

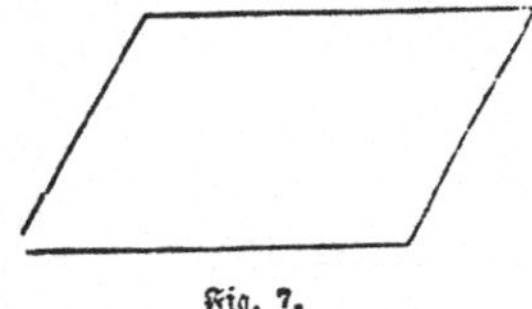

Fig. 7.

Gleichlaufende Linien heißen Parallellinien.

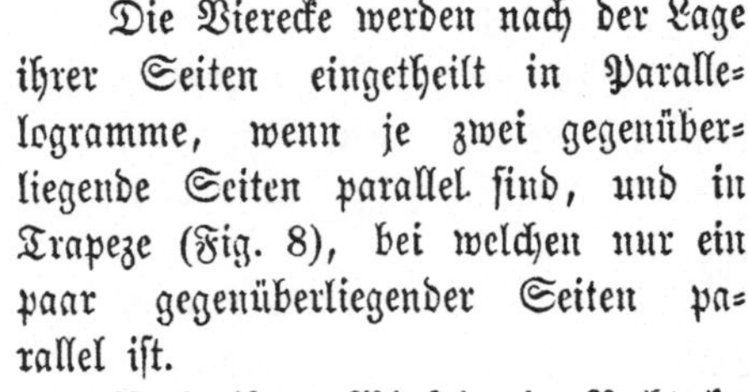

Fig. 8.

Die Vierecke werden nach der Lage ihrer Seiten eingetheilt in Parallelogramme, wenn je zwei gegenüberliegende Seiten parallel sind, und in Trapeze (Fig. 8), bei welchen nur ein paar gegenüberliegender Seiten parallel ist.

Nach ihren Winkeln in Rechtecke, wenn alle Winkel rechte sind (Fig. 9), und in schiefe bei schiefen Winkeln.

Ungleichseitig ist ein Viereck, wenn alle Seiten verschiedene Länge haben.

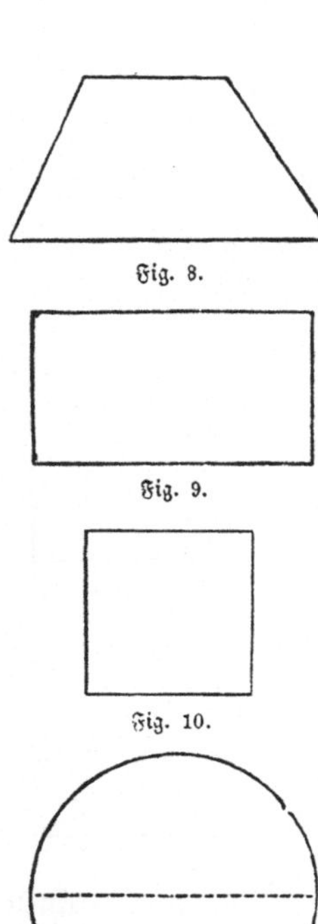

Fig. 9.

Fig. 10.

Das gleichseitige Rechteck heißt Quadrat (Fig. 10).

Der Kreis (Fig. 11) ist eine in sich selbst zurückkehrende Linie, welche von einem Punkte, Mittelpunkt genannt, überall gleichweit entfernt ist. Jeder Kreis wird in 360 Grade getheilt.

Jede gerade Linie, die vom Mittelpunkte zum Umfange des Kreises geht, heißt Halbmesser (Radius); zwei Halbmesser in gerader Linie bilden den Durchmesser des Kreises, welcher $3\frac{1}{7}$ oder 3,14 mal genommen den Umfang des Kreises gibt.

Fig. 11.

Eine Pyramide (Spitzsäule) Fig. 12) ist ein Körper, der von einer ebenen Grundfläche und von ebensoviel Dreiecken eingeschlossen ist, als die Grundfläche Seiten hat. Sämmtliche Seitenkanten und Seitenflächen treffen in einem Punkte, Spitze genannt, zusammen. Eine Senkrechte aus der Spitze auf die Grundfläche heißt Höhe der Pyramide.

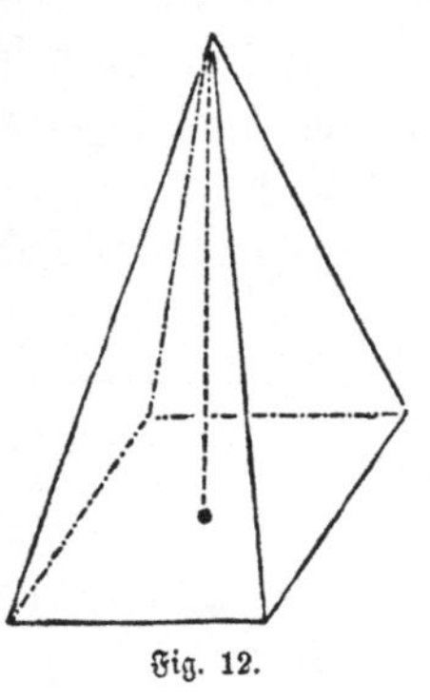

Fig. 12.

Wenn die Grundfläche der Pyramide in einen Kreis übergeht, so wird aus der Pyramide ein Kegel (Fig. 13).

Ein Körper, bei welchem Grundfläche und Deckfläche, sowie auch sämmtliche Seitenkanten parallel sind, heißt ein Prisma (Ecksäule) (Fig. 14).

Die Grundfläche kann drei=, vier= u. s. w. seitig sein, woraus sich das drei=, vierseitige Prisma ergibt.

Die Höhe des Prisma's ist die Entfernung der beiden parallelen Grundflächen.

Ein Prisma, dessen Grundflächen Kreise sind, wird ein Cylinder (Fig. 15) (Rundsäule, Walze) genannt. Beim Cylinder und der Walze ist die Axe zugleich die Höhe oder Länge derselben.

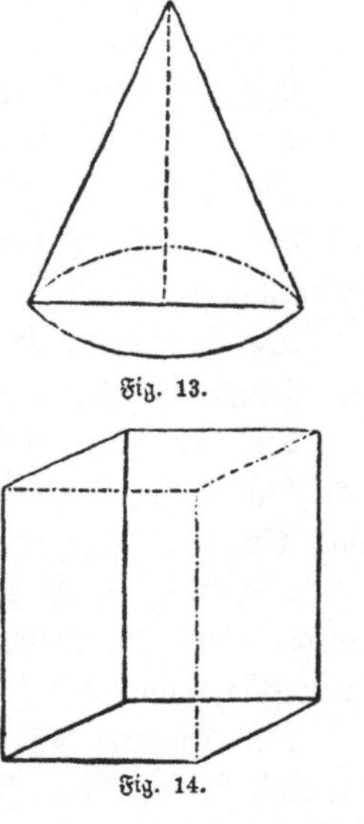

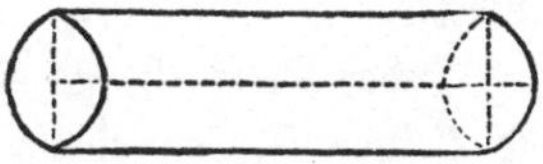

Fig. 13.

Fig. 14.

Fig. 15.

Ein Prisma, welches zu seiner Grundfläche ein Parallelogramm hat, heißt ein Parallelepipedon, d. h. Langwürfel.

Flächen= und Körperberechnung.

Bei der Flächenmessung und der Berechnung der Flächengrößen kommt die Länge und Breite der Figur, bei der Körpermessung neben der Grundfläche mit Länge und Breite noch die Höhe in Betracht, und dient zur Bestimmung des Flächeninhalts das Quadrat und zur Bestimmung des Körperinhalts der Würfel oder Cubus als Grundmaß.

Der Flächeninhalt eines jeden Rechtecks, also auch eines Parallelogrammes, wird erhalten, wenn man die Grundlinie mit der Höhe multiplizirt. (Selbstverständlich in Zahlen ein und derselben Einheit ausgedrückt.) Beim Parallelogramm ist die Höhe die Entfernung der Parallelseiten, also eine Senkrechte zwischen beiden Parallelen.

Den Flächeninhalt eines Quadrats erhält man, wenn man eine Seite mit sich selbst multiplizirt.

Der Flächeninhalt eines Trapezes ist gleich dem Produkte aus der halben Summe der zwei parallelen Seiten mit ihrer Entfernung.

Der Flächeninhalt eines Dreiecks ist gleich dem Produkte aus der Grundlinie und der halben Höhe.

Um den Flächeninhalt eines Polygons auszurechnen, zerlegt man solches zuerst in Dreiecke, und zwar durch Diagonalen von einer Ecke aus gezogen.

Der Cubikinhalt eines Prisma's, eines Cylinders oder einer Walze, eines Parallelepipedons ist gleich dem Produkte aus der Grundfläche und Höhe.

Der Inhalt des Kegels wird gefunden, wenn man die Grundfläche mit der Höhe multiplizirt und das Produkt mit 3 dividirt.

Jeder Kreis ist als ein reguläres Vieleck von unendlich vielen und kleinen Seiten einem Dreiecke gleich, welches seinen Umfang zur Grundlinie und den Radius zur Höhe hat.

Multiplizirt man den Radius des Kreises mit sich selbst und das Produkt mit 3,14, so erhält man die Fläche des Kreises. Bezeichnet man die Zahl 3,14, welche den Umfang eines Kreises mit dem Durchmesser 1 vorstellt, mit dem griechischen Buchstaben π und den Radius des Kreises mit r, so ergibt sich die Formel: Fläche des Kreises $= r^2 \pi$ und für den Körper- oder Cubik-Inhalt des Cylinders die Formel: $r^2 \pi \times h$, dann für jenen eines Kegels

$$\tfrac{1}{3} r^2 \pi \times h.$$

Beim Berechnen des Massengehaltes eines ganzen Baumes wird derselbe in der Regel in mehrere Baumtheile zerlegt und werden sodann die verschiedenen Baumtheile einzeln gemessen, als Cylinder, Kegel oder auch als abgestumpfte Kegel berechnet und die Resultate summirt (stereometrische Methode). Die Grundfläche des Cylinders wird als in der Mitte des Holzstückes liegend angenommen, daher man den Durchmesser des Holzstückes meistens in der Mitte desselben mißt, oder als solchen auch das arithmetische Mittel zwischen dem Durchmesser der oberen und unteren Kreisfläche des Holzstückes nimmt. Als Höhe wird die Länge des Baumes angenommen. Zum Ausmessen des gefällten Stammholzes gebraucht man, und zwar zum Messen des Stammdurchmessers, das Gabelmaß und zum Messen der Längen die Meßlatte oder die Meßschnur.

Bezeichnet man beim abgestumpften Kegel (Fig. 16) den Radius der untern Grundfläche mit R, den der obern mit r und die Länge oder Höhe des Baumstammes mit h, so ergibt sich für den Inhalt des abgestumpften Kegels die Formel:

$$\frac{h\pi}{3}\,(R^2 + r^2 + Rr).$$

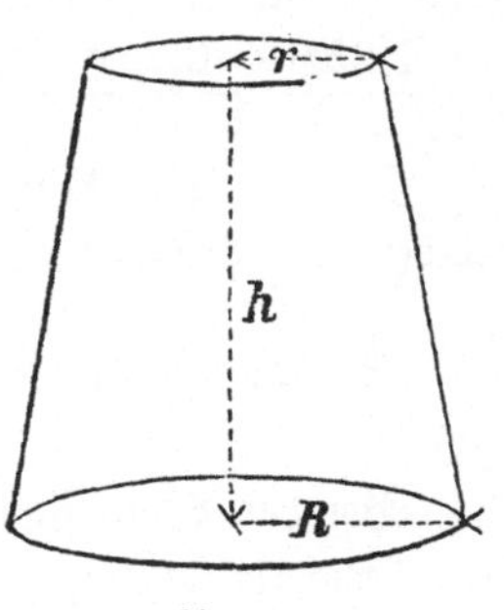

Fig. 16.

Aus dem bekannten Flächeninhalte (F) des Quadrats, Rechtecks, Parallelogramms, Trapezes und Dreiecks läßt sich die Länge wieder herausrechnen, wenn die Breite gegeben .ist und umgekehrt.

In dem Quadrat ist jede Seite gleich der Quadratwurzel aus F.

Die Quadratwurzel aus einer Zahl ist diejenige Zahl, welche, mit sich selbst multiplizirt oder ins Quadrat erhoben, die vorgelegte gibt; so ist z. B.

$$\sqrt{16} = 4, \text{ denn } 4 \times 4 \text{ ist } 16.$$

(Uebung mit den Eleven bezüglich des Ausziehens der Quadratwurzel).

Im Rechteck findet man die eine Seite a oder b, wenn man F durch die andere Seite dividirt.

Für das Parallelogramm wird die Grundlinie oder auch die Breite gefunden, wenn man F durch eine davon dividirt.

Aus dem Flächeninhalte eines Trapezes und den beiden Parallelen findet man deren Abstand, wenn man F mit der halben Summe der beiden Parallelen dividirt.

Für das Dreieck findet man die Grundlinie oder die Höhe desselben, wenn man **F** durch die Hälfte einer dieser Größen dividirt.

Entwässerungsgräben sind vierseitige Prismen, der Haltbarkeit wegen oben weiter als unten, ihr Querschnitt gleich einem Trapeze.

Die obere Weite eines Grabens sei z. B. 1,25 *m*, die untere 0,75 *m*, zusammen 2 *m*, daher mittlere Weite 1 *m*, die Tiefe 1,15 *m*, die Länge betrage 10 *m*, so hält das Grabenstück

$$\frac{1,25^{\,m} + 0,75^{\,m}}{2} \times 1,15^{\,m} \times 10^{\,m} = 11,50 \text{ Cub.-Meter.}$$

Gruben zum Aufbewahren von Eicheln über den Winter werden als Prismen berechnet.

Berechnung des Pflanzenbedarfs bei der Reihen- und Geviert-Pflanzung.

Bei der Waldpflanzung ist zur Zeit nur noch die Reihen- und Geviertpflanzung üblich.

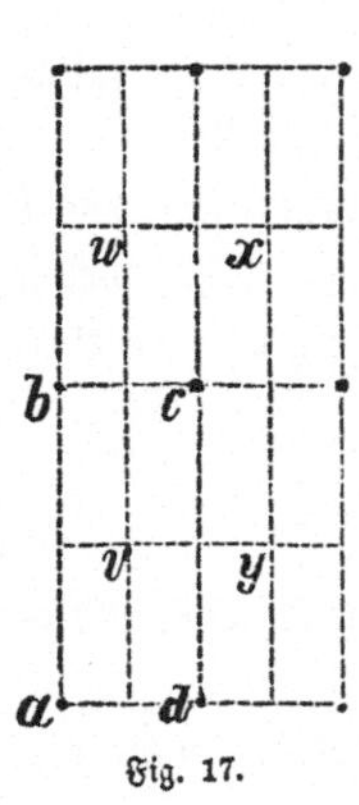

Fig. 17.

Die Reihenpflanzung stellt die Pflanzen in gleichlaufende Reihen, ihre Grundfigur ist das Rechteck (Fig. 17) (*a b c d*), und jedem Pflänzling kommt ein solches Rechteck eigentlich (*v w x y*) als Standraum zu. Nach dem Reihenabstande und der Pflanzweite kann der Standraum und die auf das Flächenmaß erforderliche Zahl Pflänzlinge leicht berechnet werden.

Man multiplizirt beide Seiten des Rechtecks mit einander, findet dadurch die Fläche (den Standraum) für jede Pflanze und dividirt mit diesem in den Inhalt der gegebenen Fläche.

Ist dagegen die Anzahl der auf eine bestimmte Fläche kommenden Pflänzlinge gegeben und man soll den Standraum für einen ermitteln, so wird die Flächenzahl durch die Pflanzenzahl dividirt, zu welchem Standraum sodann die entsprechenden Seiten gesucht werden.

Bei der Geviertpflanzung werden je vier Pflänzlinge in ein gleichseitiges Rechteck gestellt, ihre Grundfigur ist das Quadrat (Fig. 18) *a, b, c, d,* auf dessen vier Ecken Pflänzlinge stehen, wovon jedem die Fläche eines solchen Quadrats, eigentlich *v, w, x, y,* als Standraum zukommt. Hierbei ist die Pflanzweite zugleich der Abstand je zweier Pflanz= linien und somit die Fläche des Stand= raumes das Quadrat des Abstandes *a, b.*

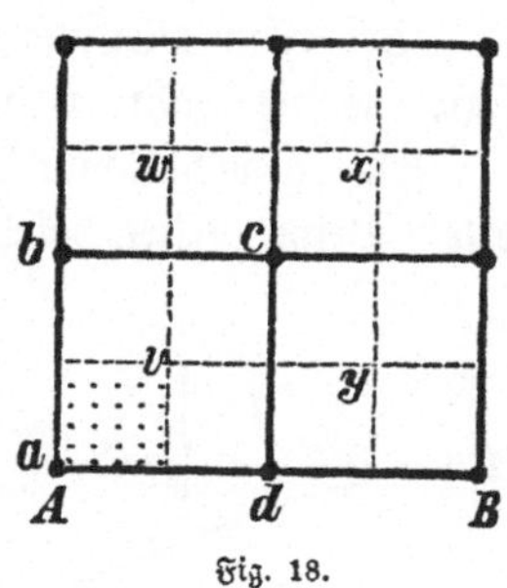

Fig. 18.

Wäre die Anzahl der Pflanzen bestimmt und der Abstand zu berechnen, so sucht man zuerst den Standraum durch Division der Pflanzenzahl in die Fläche und hieraus sodann die Quadrat= wurzel.

Bei Absteckung einer Reihenpflan= zung (Fig. 19) steckt man die erste Reihe *A, B* ab, und von dieser nach dem gegebenen Reihenabstand die zweite *C, D,* die dritte und so fort, wozu man sogleich von *A, B* aus die Senk= rechten *a, b, c, d* ꝛc. errichtet und mit dem Abstande versieht.

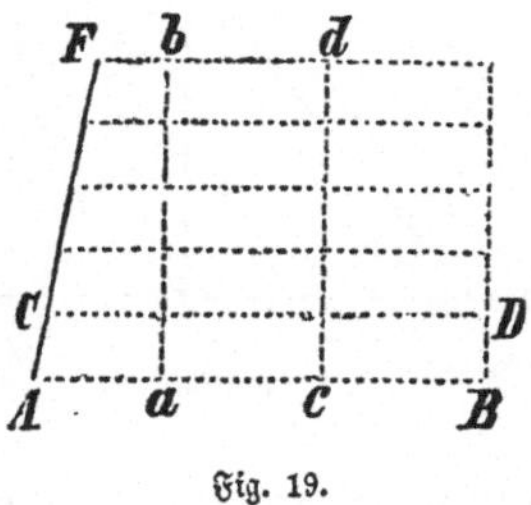

Fig. 19.

Von der abgeglichenen Vorderseite des Pflanzplatzes *A, F* ausgehend, mißt man nun auf jeder Linie die Pflanzweite ab, wozu eine dazu abgetheilte Schnur dienlich ist.

Bei Absteckung der Geviertpflanzung (Fig. 18) trägt man auf der vorderen, ganz geraden Pflanzlinie *A, B* eine Anzahl der gegebenen Pflanzweiten genau fort und steckt von den beiden Eckpunkten, sowie von einem mittleren Theilpunkte senkrechte Linien über den Pflanzplatz ab, worauf die Pflanzpunkte weiter aufgetragen werden, oder man steckt, von Linie zu Linie fort= rückend, einen Pflanzpunkt nach dem andern ab, wobei ein aus einem Lattenstück zusammengesetztes Quadrat, dessen Seite gleich der Pflanzweite ist, benutzt werden kann.

Messen von Linien.

Bei allen Messungen von Linien ist immer die horizontale Linie als die wahre Entfernung zu messen.

Das gewöhnlichste Werkzeug zum Längenmessen ist die Meß=kette. Beim Messen wird die Kette an zwei Kettenstäben geführt.

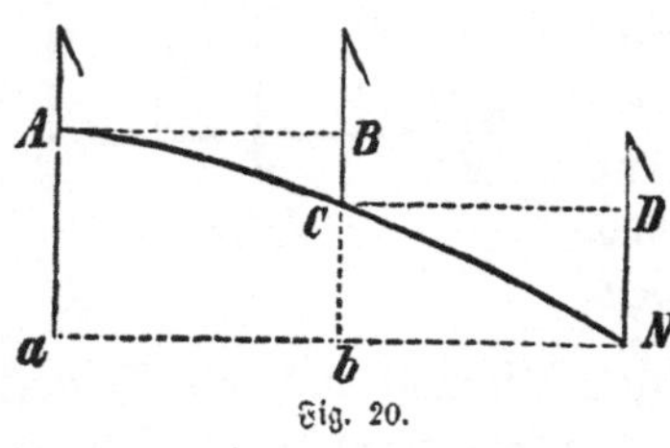

Fig. 20.

Auf abhängigem Boden muß die Kette soweit am Stabe aufrecht gehoben werden, daß sie wagrecht liegt; an sehr star=kem Abhang mißt man auch noch mit abgekürzter Ketten=länge, wozu im Innern der Kette der Ring bestimmt ist (Fig. 20).

Eine senkrechte Linie kann man mit dem rechtwinkeligen Dreieck oder dem Winkelspiegel abstecken, in ersterer Weise, in=dem man ein Dreieck zusammen=setzt, dessen Seiten sich wie 3, 4 und 5 verhalten (Fig. 21). Bringt man nun die eine Ka=thet ein die Standlinie, so gibt

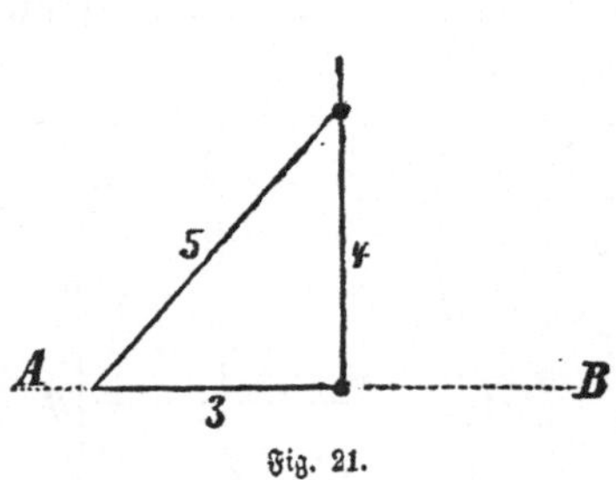

Fig. 21.

die andere Kathete die verlangte senkrechte Linie an. Mit der Kreuzscheibe, einem Brettstück mit senkrechten Kreuzschnitten oder auch der Winkeltrommel, wird eine senkrechte Linie abgesteckt, indem man das Winkelinstrument in dem gegebenen Punkte, und zwar mit dem einen Schnitt in die Standlinie gerichtet, aufstellt und durch den andern Schnitt dann die verlangte Senkrechte absteckt.

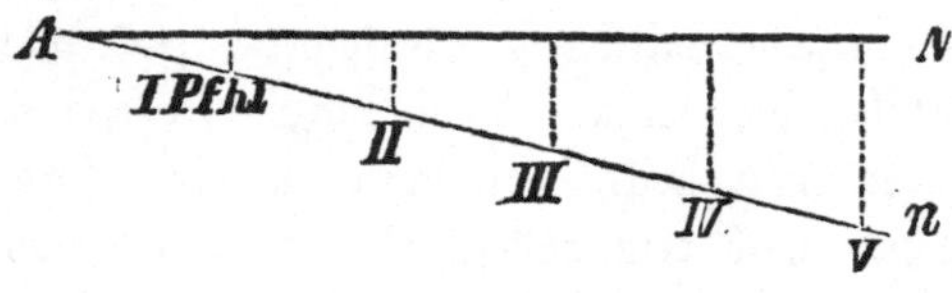

Fig. 22.

Eine gerade Linie wird durch Gehölz abgesteckt, indem man vom Anfangs=punkte A aus nach Zeichenrufen in ungefährer Richtung geradefort bis zum End=

punkt *N* die Linie mit Richtstäben aussteckt (Fig. 22), hierauf die Probelinie *A n* mißt und ebenso den senkrechten Abstand von *n N*, von *A* aus in bestimmten gleichen Entfernungen dann Pfähle schlägt und nun den gefundenen Abstaud gleichmäßig auf die Zwischenentfernungen vertheilt.

Es sei z. B. bei einer 500 m langen Linie, in welcher von 100 zu 100 m Pfähle geschlagen wurden, der Abstand *n N* = 20 m, so müßte beim ersten Pfahl 4 m, beim zweiten 8 m, beim dritten 12 m, beim vierten 16 m zurückgesteckt werden.

Um einen Weg gleich breit zu machen, wird die Mittel= linie (Fig. 23) abgesteckt. Von dieser aus werden beiderseits die halben Breiten senkrecht abgemessen. Trifft man beim

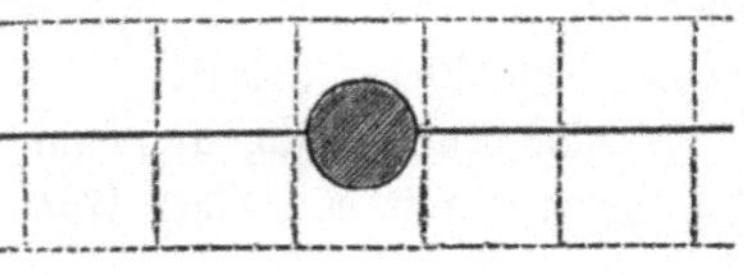

Fig. 23.

Abstecken einer geraden Linie auf einen Baum ꝛc., so steckt man von einigen Richtpunkten aus eine Parallele ab, führt diese neben dem Hinderniß vorbei und steckt mit demselben Abstand die Parallele wieder herüber als gerade Fortsetzung der ursprüng= lichen Linie.

Kreise, Ellipsen, Winkel ꝛc. werden im Freien ganz so ver= zeichnet und gemessen, wie auf dem Papier, nur daß man statt des Zirkels eine Meßschnur an den als Mittelpunkt eingeschla= genen Pfahl anlegt und bei den Winkeln die Sehnen mißt.

Verlorene Grenzpunkte findet man wieder durch Abmessung der in der Grenzzeichnung nachgewiesenen Längen und Winkel.

(Uebung im Abgreifen mit dem Zirkel auf dem Verjüngungs= maßstabe.)

Nivelliren oder den Fall des Bodens abwägen mit der Setzlatte oder mit einem einfachen Nivellirinstrumente.

Die Setzlatte ist eine lange Latte mit großer Setzwage, letztere besteht entweder in einem Dreieck mit an der Spitze be= festigtem Loth (Pendel), oder in einem Metallgefäß mit cylin= drischer Glasröhre, welche soweit mit Flüssigkeit gefüllt ist, daß

ein kleiner Luftraum in Gestalt einer Blase übrig bleibt. (Kanal-
oder Wasserwaage, Libelle).

Das Einspielen der Libelle zeigt die horizontale Lage an.
Pendel- wie Libelleninstrumente bezwecken, die Lage einer mit
ihnen verbundenen Geraden gegen die Horizontale zu bestimmen,
oder mit anderen Worten, eine horizontale Linie herzustellen.

Beim Nivelliren mit der Setzlatte schlägt man auf der ab-
zuwägenden Linie hin nach der Länge der Setzlatte Pfähle *a, b, c,*
die alle gleich hoch über den Boden hervorragen, und untersucht
alsdann, wie viel von je zwei Pfählen der eine niedriger oder
höher steht als der andere.

Man geht nämlich an *a* und *b,* legt auf den oberen Pfahl *b*
die Setzlatte mit dem einen Ende, stellt auf den andern unteren

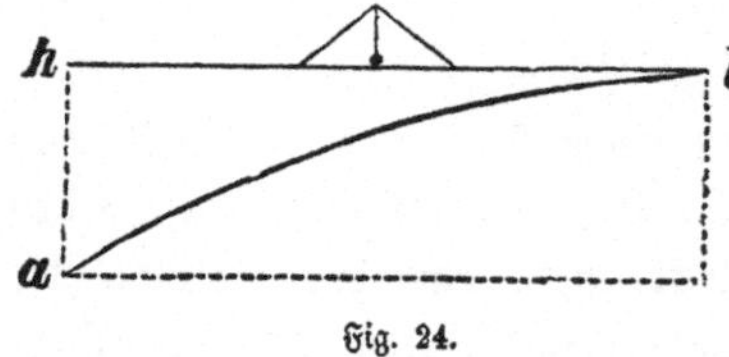

Fig. 24.

Pfahl einen genauen Maßstab
und hält daran das andere
Ende der Latte in wagrechter
Lage und zählt nun die
Centimeter von *a* bis *h* ab
(Fig. 24).

Beim Nivelliren mit einem Nivellirinstrumente bedarf man
außer dem Instrumente noch zwei Nivellirstäbe mit zwei eisernen,
mit Spitzen versehenen Untersätzen, die man in den Boden steckt
und alsdann die Stäbe darauf stellt.

Das Instrument selbst, die Wasserwage mit Dioptern oder
besser Fernröhren (ein billiges und vollkommen entsprechendes Instrument ist das Nivellirinstrument vom Hofmechaniker Sickler
in Karlsruhe, das 50 ℳ kostet), kommt zwischen die zwei Nivellirstäbe zu stehen und schneidet an diesen eine wagerechte Linie ab;

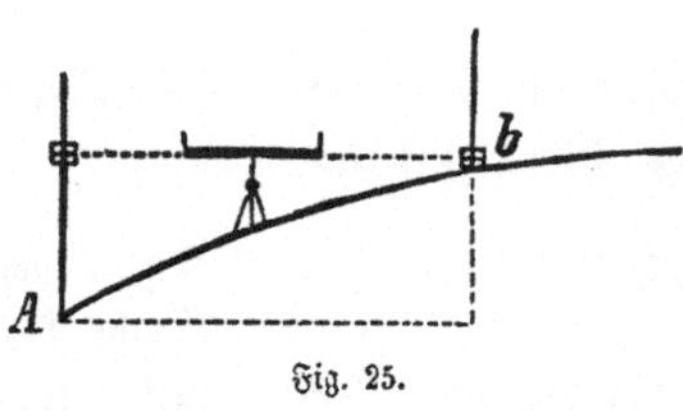

Fig. 25.

der Unterschied beider Höhen
an den Nivellirstäben ist der
zwischen beiden Punkten statt-
findende Fall. Z. B. es soll
A b abgewogen werden, so läßt
man einen Stab in *A,* den andern in *b* aufsetzen (Fig. 25),

wie es die Sicherheit des Abvisirens gestattet. Zwischen beiden

Stäben **A b** stellt man die Wasserwage, richtet sie wagrecht, visirt nach der Latte in **A** und läßt die daran befindliche Tafel in die Visirhöhe rücken. Dasselbe geschieht sodann nach **b**; die Höhe des Täfelchens über **A** und die über **b** wird nun mit einem Maßstab abgemessen, wenn die Nivellirstäbe nicht schon an sich das Maß enthalten. Der Unterschied beider Täfelchen ist die Erhöhung oder Vertiefung von **b** und **A**; so wird fortgefahren.

Der jedesmalige Höhenunterschied wird aufgeschrieben und zuletzt berechnet man, um wie viel **b** z. B. höher liegt als **A**.

Als Gefällmesser z. B. zum Abstecken von Weglinien mit bestimmter Steigung werden Libellen oder Pendelinstrumente verwendet (praktische Uebung).

Zur Planirung einer Wegstrecke in vorgeschriebener Richtung gegen den Horizont verwendet man die bekannten Visirkreuze, von denen stets drei von ganz gleicher Länge (120 cm) zusammengehören. Werden zwei der Kreuze auf den mit einem Nivellirinstrumente genau bestimmten Punkten senkrecht gehalten und visirt man über ihre obere Kante auf das auf den zwischenliegenden Punkten stehende dritte Kreuz, so erkennt man, ob zwischen den verschiedenen Punkten Ab- und Auftrag in richtigem Maße geschehen ist.

Ausmessung und Berechnung einzelner Forstgrundstücke.

Zur Ausmessung und Berechnung einzelner Forstgrundstücke dienen die geometrischen Grundfiguren, gewöhnlich das Rechteck, das Trapez und das Dreieck. Zusammengesetzte, unregelmäßige Figuren zerlegt man in solche Grundfiguren und berechnet sie stückweise.

Alle Grundstücke werden nach ihrer horizontalen Grundfläche gemessen und berechnet. Häufig kann der Flächeninhalt des nach gemessenen Linien aufgenommenen und in Grundfiguren zerlegten Grundstücks sogleich ausgerechnet werden, gewöhnlich aber trägt man den Umriß davon zuerst aufs Papier und berechnet sodann erst die Fläche vermittelst des zum Auftrage gebrauchten verjüngten Maßstabes.

Sollen Schläge, Blößen, Culturplätze und andere offene Grundstücke ausgemessen werden, so umgeht man zuerst das Grund=

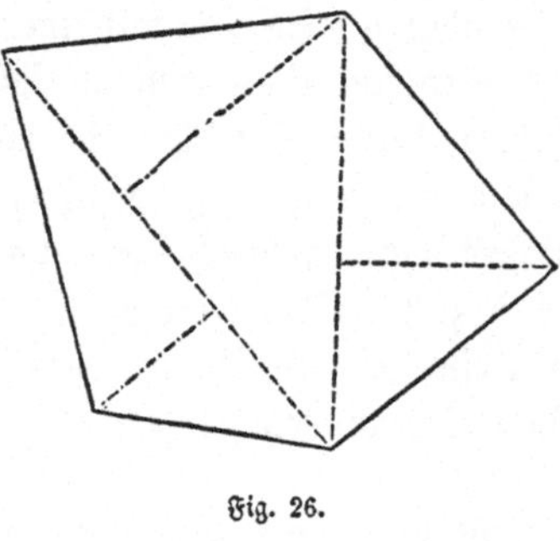
Fig. 26.

stück, gleicht soviel als möglich die Grenzen aus und schlägt an die angenommenen Eckpunkte Pfähle, entwirft sich davon eine Handzeichnung (Fig. 26), zieht in derselben die geeignetsten Dia= gonalen, mißt sodann von jedem Dreieck eine Seite und die dazu gehörige Höhe, schreibt sich zur späteren Berechnung der Figuren sämmtliche Längen auf, und summirt schließlich die Resultate der Flächeninhalte der einzelnen Dreiecke.

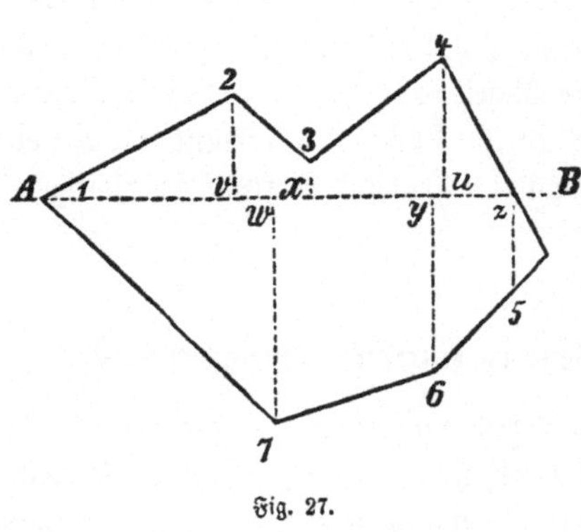
Fig. 27.

Oder man legt auch durch die ganze Länge der Figur eine Hauptlinie AB, bildet Richtpunkte u, v, w, x, von welchen aus rechts und links Senkrechte nach den Umfangspunkten ge= zogen werden und mißt die Abstände der Umfangs= punkte v^2 2c. 2c. (Fig. 27). Die ganze Figur wird dadurch in rechtwinkelige Trapeze und Dreiecke zerlegt, deren Flächeninhalt nach den ge= messenen Linien nun berechnet und summirt wird.

Aufnahme sogenannter Probeflächen in den Waldungen zur Ermittlung des Massengehaltes derselben.

Bei der Auswahl von Probeflächen ist zu beachten, daß die= selben in Beziehung auf Holzhaltigkeit für die betreffende Abthei= lung als Durchschnitt gelten können. Die Aufnahme des Holzes findet statt, wenn man vorerst die ausgewählte Fläche einschnürt und deren Größe bestimmt, hierauf sämmtliche Bäume darauf in Brusthöhe 1,₃ Meter mit der Baumkluppe mißt, dieselben nach Klassen von cm zu cm, nach Holzarten, nach Haupt= und Nebenbestand ausscheidet und sodann den Massengehalt berechnet, wobei die Höhen der Bäume durch Abmessen von gefällten Muster=bäumen oder durch eigene Baumhöhenmesser bestimmt werden. Der Faustmannische Spiegelhypsometer ist der bequemste. Er be=besteht aus einem Brettchen mit einer Visirvorrichtung und einem Pendel. Ist das Instrument auf den Gipfel des zu messenden Baumes gerichtet, so bezeichnet das Pendel auf einer Skala die Höhe, welche mit Hilfe eines kleinen Spiegels sehr leicht ab=gelesen wird.

Der einfachste Baumhöhenmesser besteht aber aus einem gleichschenkeligen, rechtwinkeligen Dreieck und hält man beim Ge=brauch solches so vor das Auge, daß der Hypothenuse entlang auf den Gipfel des Baumes visirt werden kann, wobei man sich dem Baume nähert oder sich von demselben entfernt, bis der Gipfel desselben erblickt wird.

Die Höhe des Baumes ist sodann gleich der horizontalen Entfernung des Standpunktes vom Baume plus der Höhe des Auges vom Boden. Das Dreieck ist aber immer so zu halten, daß die eine Kathete horizontal, die an=dere vertikal steht.

Ist das Terrain geneigt, so werden jedoch die Messungs=ergebnisse zu groß ausfallen, wenn man gegen den Fuß=punkt des Baumes höher steht, dagegen zu klein, wenn man tiefer steht (Fig. 28), daher man sich womöglich

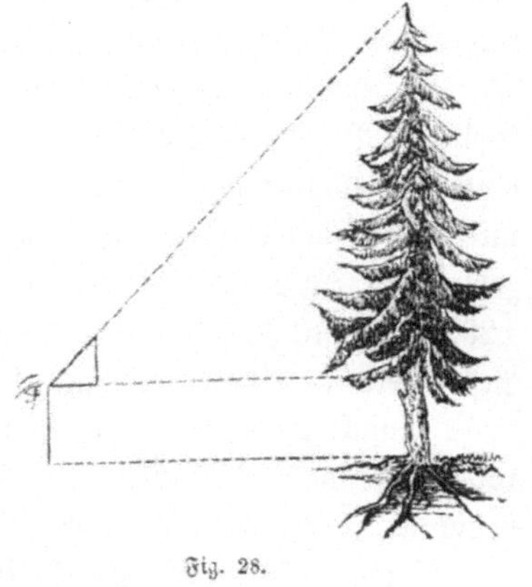

Fig. 28.

stets in gleicher Höhe mit dem Fußpunkte des Baumes aufzu=stellen hat.

Durch Zählen der Jahresringe an den gefällten Muster=
bäumen kann gleichzeitig auch das Alter des Bestandes ermittelt
werden.

Zur Holzmassenermittlung auf der Probefläche und ganzer
Bestände werden nun, will man nicht einzelne Bäume cubiren,
Massentafeln benützt, aus welchen zu der jeder Stärkeklasse ent=
sprechenden Stärke des Stammes in Brusthöhe (1,3 m über
dem Boden) und Scheitelhöhe der Cubikinhalt ohne alle Rechnung
abgelesen werden kann. Derartige Ertragstafeln, welche eine
Darstellung der Holzerträge an Haupt= und Zwischennutzungen
in normalen Beständen für die verschiedenen Betriebs= und Holz=
arten, Standorte und Alter bezwecken, werden z. Z. vom Verein
deutscher forstlicher Versuchsanstalten hergestellt.

Multiplizirt man nun den Cubikinhalt eines Stammes mit
der Stammzahl der betreffenden Stärkeklasse, so ergibt sich der
Cubikinhalt sämmtlicher Stämme dieser Klasse und aus der Summe
des Cubikinhaltes sämmtlicher Stärkeklassen jener der ganzen
Probefläche und des Bestandes. Die Derbholzmasse eines Be=
standes, d. h. die ganze oberirdische Holzmasse über 7 cm Durch=
messer, ergibt sich auch durch Multiplikation der Kreisflächen=
summe des Bestandes mit der gefundenen mittleren Bestands=
höhe und der dieser entsprechenden Formzahl. Die Kreisflächen=
summe des Bestandes wird mittelst Kreisflächentafeln, welche die
Kreisflächensumme in Quadratmeter berechnet enthalten, ermittelt.
Sollte z. B. in einem Bestande sich für die verschiedenen Stämme
eine Kreisflächensumme von 123,385 qum ergeben und die
mittlere Bestandshöhe betrage 30 m, der nach Baur die Form=
zahl 0,47 entspricht, so würde die Holzmasse des Bestandes
123,385 × 30 × 0,47 = 1739,7 Festmeter betragen. Stärkere
Aeste werden wie der Stamm selbst berechnet. Der zu erwar=
tende Anfall an Stock= oder Reisigholz wird entweder annähe=
rungsweise nach Prozenten im Verhältniß zum Derbholzanfall
bestimmt, oder mit Hilfe des Wassers oder durch das Gewicht.

Bei der Cubirung mit Wasser, gestützt auf den Satz, daß
unter Wasser getauchte Holzstücke gerade so viel Wasser ver=
drängen, als das Volumen derselben beträgt (hydrostatisches Ver=

fahren), füllt man einen geeichten Zuber mit solchem, notirt sich
die Höhe des Wasserstandes, taucht dann das zu messende Holz
unter den Wasserspiegel und notirt hierauf gleichfalls den Wasser=
stand. Die Differenz der beiden Wasserstände giebt den Cubik=
inhalt des fraglichen Holzes, so daß, wenn z. B. die Skala des
Apparats 130 l zeigte, bevor das Holz eingetaucht wurde, nach
dem Eintauchen dagegen 225 l, der Kubikinhalt sich berechnet
zu 225—130 = 95 l = 0,095 cm. Ein zweckmäßig con=
struirter Xylometer, welcher eine genaue Ablesung bis mindestens
0,2 l (Cubik=Dezimeter) gestattet, ist hiezu am geeignetsten.

Bei der Cubirung durch Gewicht, gestützt auf den Satz, daß
sich für ein und denselben Körper die Volumina verhalten wie
die ihnen zugehörigen Gewichte, wird zuerst der Cubik=Dezimeter
eines Holzes gleicher Gattung gewogen und hierauf ebenso das
zu messende Holz. Findet man dabei z. B. für den Cubik=
Dezimeter des fraglichen Holzes eine Schwere von 5 Zollpfund,
und wiegt sodann das zu messende Holz etwa 200 Zollpfund, so
wäre der Cubikinhalt dieses Holzes gleich

$$\frac{200}{5} = 40 \text{ Cubik=Dezimeter.}$$

(Die gewöhnlichen Geschäftsrechnungen sind durch Verwen=
dung im Forstrechnungswesen während der Elevenzeit zu üben.)

II. Naturwissenschaft.

Der Inbegriff aller unserer Kenntnisse über die Natur heißt
Naturwissenschaft.

Bei der Betrachtung der uns umgebenden Natur gewahren wir

a) sehr verschiedene Naturkörper oder Gegenstände
(Mineralien, Pflanzen, Thiere ꝛc.);

b) Naturerscheinungen, d. h. verschiedenartige, mehr
oder weniger wesentliche Veränderungen und Umwandlungen,
welche die Naturkörper im Verlaufe der Zeit erleiden.

Werden die Naturkörper nach ihren Eigenschaften oder Merk=
malen beschrieben, um sie von einander unterscheiden und klassi=
fiziren zu können, so haben wir es mit der Naturbeschreibung
oder Naturgeschichte zu thun, die in Mineralogie (Lehre von

den Mineralien), Botanik (Lehre von den Pflanzen) und Zoo=
logie (Lehre von den Thieren) zerfällt.

Allen Naturerscheinungen liegen Ursachen zu Grunde, die sie
bedingen. Die letzte Ursache der Erscheinungen nennt man Kraft,
und nimmt für verschiedenartige Erscheinungen verschiedene Kräfte
an (Attraktions= und Repulsionskraft, Licht, Wärme, Elektricität,
Magnetismus, Cohäsion, Adhäsion, chemische Anziehungskraft).

Mit der Erforschung der Ursachen der Erscheinungen, und
mit der Erkenntniß der Gesetze, nach denen dieselben stattfinden,
beschäftigt sich die Naturlehre (Physik, Chemie, Physiologie).

Die Erscheinungen, welche wir an den Naturkörpern wahr=
nehmen, sind verschiedener Art: entweder wird dabei die Sub=
stanz oder die Materie der Körper so total umgeändert, daß ganz
andere neue Körper mit völlig anderen Eigenschaften entstehen
(Verbrennung, Verwesung u. dergl.), oder es verändern sich blos
die äußeren Zustände der Körper, ohne daß die Substanz eine
wesentliche Veränderung erleidet (Kochen von Wasser u. s. w.).

Die ersten Erscheinungen nennt man chemische, die letzten
physikalische, und die Wissenschaften, welche sich damit be=
schäftigen: Chemie und Physik.

a) Die Physik ist daher der Theil der Naturlehre, welcher sich
mit der Erforschung der Ursachen der physikalischen Erscheinungen
befaßt. Zu den wichtigsten Lehren der Physik gehören: die Be=
schreibung der allgemeinen Eigenschaften der Körper, die Ermitte=
lung der Gesetze über das Gleichgewicht und die Bewegung der
festen, flüssigen und gasförmigen Körper (Statik und Dynamik),
die Lehre vom Schall (Akustik), vom Lichte (Optik), der Elektri=
cität, des Magnetismus und der Wärme.

Mit der Physik stehen in naher Beziehung: die Astronomie
(Himmelskunde) und die Meteorologie (Witterungslehre). Die
letztere hat für den Forstmann besondere Wichtigkeit, denn es ist
die Wissenschaft, welche von den Wärme=, Feuchtigkeits= und
Druckverhältnissen der Atmosphäre und von allen Erscheinungen
handelt, die in derselben stattfinden: von den Winden und Stürmen,
von der Thau=, Reif=, Nebel=, Wolken=, Regen=, Schnee= und
Hagelbildung; ferner von den elektrischen und optischen Erschei=

nungen der Atmosphäre (Gewitter, Nordlicht, Abend- und Morgenröthe, Regenbogen). Sie hat die Ursachen dieser Erscheinungen zu erforschen und den gesetzlichen Zusammenhang derselben zur Vorausbestimmung des Wetters anzuwenden.

Den allgemeinen Zustand des Wetters in einer bestimmten Gegend oder an einem bestimmten Orte nennt man das Klima eines Ortes und die Lehre von den Klimaten der verschiedenen Gegenden bildet den Theil der Meteorologie, welche man Klimatologie nennt.

Die Atmosphäre, d. h. die gasförmige Hülle, welche die Erde von allen Seiten umgibt, bildet das Luftmeer, auf dessen Boden wir leben. Sie besteht vorwiegend aus einer Mischung zweier Gasarten, die Sauerstoff und Stickstoff genannt werden. Der fünfte Theil der Luft besteht aus Sauerstoff, $^4/_5$ aus Stickstoff, oder genauer: In 100 Liter Luft sind auf der ganzen Erde 21 Liter Sauerstoff und 78 Liter Stickstoff enthalten. Außerdem findet sich in der Luft aber stets noch etwas Wasserdampf, wenig Kohlensäure (in 10,000 Theilen nur 3—4 Theile), Spuren von Ammoniak und anderen Gasen, endlich noch Staub (schwebende, feste, organische und mineralische Stoffe). Sauerstoff wird der Luft während der Vegetationszeit durch die Blätter der Pflanzen zugeführt, welche am Tage dieses Gas aushauchen; Kohlensäure gelangt in die Luft durch die Ausathmung der Menschen und Thiere, durch die Verbrennungen, durch die Verwesung und Fäulniß organischer Stoffe u. s. w.; Wasserdampf entsteht durch die Verdunstung des die Erde bedeckenden Wassers, namentlich des Meerwassers. Die Stärke der Verdunstung ist abhängig von der Temperatur der Luft und von der Menge des in ihr vorhandenen Wasserdampfes; trockene Winde, überhaupt Luftzug befördern die Verdunstung. In den Wäldern ist wegen der geringeren Luftbewegung und der niedereren Lufttemperatur die Verdunstung viel geringer, als auf unbewaldetem Felde. So z. B. verdunsteten zu Seeshaupt am Starnberger See per Monat und per Pariser Quadratfuß bei einer monatlichen mittleren Temperatur von $+ 10°$ R. von einer Wasserfläche im Freien 296 Par. Cubikzoll, im Walde dagegen nur 67 Par. Cubikzoll.

Bei jeder Verdunstung wird Kälte erzeugt.

Wie alle anderen Körper, so übt auch die atmosphärische Luft einen Druck auf ihre Unterlage, also auch auf die Erdoberfläche und auf alle Körper der Erde aus. Da dieser Luftdruck allseitig wirkt und in unserem Körper von Außen nach Innen und von Innen nach Außen von gleicher Stärke ist, so empfinden die thierischen Körper diesen starken Luftdruck nicht.

Je nach der Windrichtung, nach der Temperatur und dem Feuchtigkeitsgehalte der Luft, insbesondere auch je nach der Erhebung über der Meeresfläche ist der Luftdruck sehr verschieden; es wird durch das allgemein bekannte Quecksilberbarometer gemessen. Mit Zunahme des Luftdruckes steigt das Quecksilber in der Glasröhre, bei Abnahme desselben fällt solches.

Ein plötzliches starkes Fallen des Quecksilbers deutet auf Sturm. Süd-, Südwest- und Westwinde (Aequatorialwinde) bringen uns leichte, mit Wasserdünsten geschwängerte Luft, das Barometer fällt und Regen ist zu gewärtigen. Auf große Luftfeuchtigkeit und Regen deutet es, wenn über Flüssen, Seen oder feuchten Wiesen Nebel sich zeigen, wenn die Wälder zu rauchen scheinen, wenn Mauern und Steine schwitzen und wenn die Luft sehr durchsichtig ist, so daß die Berge uns nahe erscheinen. Die Nord-, Nordost- und Ostwinde (Polarwinde) bringen uns schwere und trockene Luft und schönes Wetter, das Barometer steigt.

Da der Luftdruck mit der Erhebung über die Erde gesetzmäßig abnimmt, so verwendet man auch das Barometer zum Messen der Höhen der Berge, wozu man in neuerer Zeit statt der Quecksilberbarometer häufig Metallbarometer (sogen. Aneroïdbarometer) gebraucht.

Zur Messung und Bestimmung der Luftfeuchtigkeit dienen die Hygrometer und Psychrometer.

Zur Messung des Wärmezustandes der Luft bedient man sich des Thermometers (einer Glasröhre mit angeblasener Kugel, theilweise entweder mit Quecksilber oder seltener mit Weingeist gefüllt), bei welchem der Zwischenraum zwischen den zwei Normaltemperaturen in der Glasröhre (zwischen dem Gefrier- und Siedepunkte) meist entweder in 100 Theile (Celsius) oder in 80 Theile (Réaumur)

getheilt ist. Die Zählung der Grade fängt von dem Gefrier=
punkt 0 an, und giebt der Stand der Quecksilber= oder Weingeist=
säule die Temperatur der Luft, des Wassers 2c. in Graden an.
Mit Zunahme der Wärme dehnt sich das Quecksilber aus, das=
selbe steigt in die Höhe, bei Abnahme der Wärme zieht sich das=
selbe zusammen und fällt. Temperaturangaben nach Réaumur
verwandelt man durch Multiplikation mit $^4/_5$ in Celsius, und
Angaben nach Celsius durch Multiplikation mit $^5/_4$ nach Réaumur.

Außer den gewöhnlichen Thermometern gibt es noch Minimum=
thermometer, welche dazu dienen, die niedrigste Temperatur an=
zugeben, welche während der Nacht vorgekommen ist, dann
Maximumthermometer, welche die höchste Temperatur anzeigen,
welche am Tage statt hatte.*)

Wind, Thau, Reif, Nebel, Wolken, Regen, Schnee, Hagel.

Wind ist bewegte Luft, die dadurch hervorgebracht wird, daß
an verschiedenen Orten der Druck der Luft verschieden ist; von
den Gegenden aus, welche einen höheren Luftdruck zeigen, wird
die Luft nach jenen Orten hingetrieben, wo das Barometer
niedriger steht. Je größer der Unterschied des höchsten und
niedrigsten Luftdruckes an nahe beieinander liegenden Orten ist,
desto stärker weht der Wind. Erreicht diese Luftdruckdifferenz eine
gewisse Größe, so steigert sich der Wind bis zum Sturm. Die
Richtung des Windes bezeichnet man nach der Weltgegend, von
welcher der Wind herkommt.

Die Verdichtung (Condensation) des atmosphärischen Wasser=
dampfes oder die Ueberführung desselben aus dem gasförmigen
in den tropfbar=flüssigen oder starren Zustand (Schnee, Hagel) ist
stets Folge einer Temperaturerniedrigung, und es entsteht dabei ent=
weder: Thau oder Reif, Nebel oder Wolken, Regen, Schnee, Hagel.

Thau ist Folge einer unmittelbaren Verdichtung des
atmosphärischen Wasserdampfes an der durch die Wärmeaus=
strahlung erkalteten Oberfläche der Körper, der Pflanzen u. s. w.;
erkalten die Körper auf oder unter 0°, so entsteht statt Thau der

---

*) Verlässige meteorologische Instrumente können bei den Mechanikern
Karl Greiner & Comp. in München (Kaufingerstr. 17) billig bezogen werden.

Reif. Wie der Reif so entstehen auch die Nachtfröste im Früh=
jahre oder Herbst. In hellen klaren Nächten ist bei wolkenfreiem
Himmel die Wärmeausstrahlung der Pflanzen oft so bedeutend,
daß sich dieselben weit unter die Lufttemperatur abkühlen und
bis unter 0° (Gefrierpunkt) erkalten. Bei trockener Luft (Nord=
und Nordostwind), wolkenlosem Himmel und Windstille kann man
in Frühjahrs= und Herbstnächten auf das Eintreten der Fröste
rechnen. Besonders häufig kommen sie in Frostlöchern, d. h. an
allen Orten vor, die vor Wind geschützt sind: in Mulden, Kesseln,
geschlossenen Thälern, auf Blößen, die von einem Holzbestande um=
geben sind. Je feuchter der Boden ist, desto leichter stellen sie sich ein.

Verdichtet sich der gasförmige Wasserdampf innerhalb der
Atmosphäre selbst: und zwar in der Nähe der Erdoberfläche, wo=
bei sich Dunstbläschen bilden, so entsteht Nebel; Wolken sind
nichts Anderes als Nebel in den höheren Luftschichten.

Schreitet die Verdichtung des atmosphärischen Nebels weiter
fort, so entstehen durch Vergrößerung der Dunstbläschen und
durch das Zusammenfließen solcher unter sich volle Wassertropfen,
welche wegen ihrer Schwere als Regen auf die Erde fallen, oder
als Schnee, wenn die Verdichtung des Wasserdampfes in der
Wolkenregion bei einer Temperatur unter 0° vor sich ging. Der
meiste Schnee fällt bei einer Temperatur von Minus 2—4° R.

Wenn sich der Boden durch Einwirkung der Sonne stark
erhitzt, so entstehen sehr starke lokale aufsteigende Luftströme, welche
den Wasserdampf sehr rasch in eine beträchtliche Höhe emporheben,
deren Temperatur unter dem Gefrierpunkte liegt, so daß die
Wasserdämpfe zu Hagel gefrieren. Der stete Begleiter des Hagels
ist das Gewitter.

Die elektrischen und optischen Erscheinungen der Atmosphäre.

Zu den gewöhnlichsten elektrischen Erscheinungen der Atmosphäre
rechnet man: Blitz mit nachfolgendem Donner (Gewitter), das
Wetterleuchten, zu den optischen: Morgen= und Abendröthe, Regen=
bogen, und das Nordlicht.

Der Blitz ist ein elektrischer Funke im Großen; er entsteht
durch Ausgleichung entgegengesetzter Elektrizitäten entweder zwischen

zwei Gewitterwolken oder zwischen einer Gewitterwolke und der Erde. Im letzteren Falle sagt man: der Blitz habe „eingeschlagen".

Das dem Blitze folgende Geräusch (Donner) entsteht in Folge der plötzlichen und starken Ausdehnung, welche die Luft durch die Wärmewirkung des Blitzes erleidet, der aber unmittelbar ein Zusammenstürzen der Luft gegen den Ort der Verdünnung hin nachfolgt. Der Schall legt in der Sekunde circa 340 Meter zurück, daher man aus der Anzahl der Sekunden, welche zwischen Blitz und Donner verstreichen, leicht die Entfernung des Gewitters, resp. Blitzes bestimmen kann, da jeder Sekunde eine Entfernung von 340 Meter entspricht; verfließen somit zwischen Blitz und Donner z. B. 6 Sekunden, so ist das Gewitter $6 \times 340 = 2040$ Meter, also 2 Kilometer und 40 Meter entfernt.

Das Wetterleuchten steht im Zusammenhang mit entfernten Gewittern, deren Donner wegen zu großer Entfernung nicht vernehmbar ist.

Der Regenbogen entsteht durch Brechungen und Zurückwerfungen, welche die Sonnenstrahlen in den fallenden Regentropfen erleiden, ebenso entstehen die Mondhöfe und Nebensonnen durch Brechungen und Reflexionen des Lichtes in der Luftfeuchtigkeit.

Befindet sich die Sonne Morgens und Abends am Horizont, so haben die Lichtstrahlen einen sehr langen Weg zurückzulegen, um zu uns zu gelangen. Befinden sich zu dieser Zeit in den unteren Luftschichten viele Staubtheilchen und äußerst feine Dunstkügelchen, wie sie sich bei beginnender Verdichtung des Wasserdampfes bilden, so läßt das Sonnenlicht nur seine rothen Strahlen durch, und es erscheint die Sonne als auch das Firmament brillant roth gefärbt, welche Erscheinung man mit Morgen- und Abendröthe bezeichnet. Morgen und Abendröthe deuten auf einen großen Wassergehalt der Atmosphäre.

Das Nordlicht ist eine bis jetzt noch nicht aufgeklärte Erscheinung. Es steht jedenfalls in einem gewissen Zusammenhange mit dem Erdmagnetismus, und die Ursachen des Nordlichtes sind daher wahrscheinlich dieselben, welche den Erdmagnetismus hervorrufen.

b) **Chemie** ist der Theil der Naturwissenschaft, welcher sich mit der Erforschung solcher Erscheinungen befaßt, bei welchen eine vollständige Aenderung in den wesentlichen Eigenschaften der Körper stattfindet; sie hat den Grund der chemischen Vorgänge aufzusuchen und die Gesetze zu ermitteln, nach welchen sie erfolgen. Sie sucht ferner durch Scheidung diejenigen Stoffe, aus denen ein Körper zusammengesetzt ist (die Bestandtheile desselben), qualitativ und quantitativ zu erforschen (analytische Chemie), und giebt die Methoden an, um aus zwei oder mehreren verschiedenartigen Körpern einen neuen homogenen Körper künstlich darstellen zu können (synthetische Chemie).

Für den Forstmann hat die Chemie besondere Bedeutung, weil sie ihn mit den verschiedenen Stoffen bekannt macht, welche als Bestandtheile der Luft, des Wassers, des Bodens, der Mineralien und Gebirgsarten, der Pflanzen und Thiere auftreten, und welche zur Ernährung der Pflanzen und Thiere dienen. Die Beschreibung und künstliche Darstellung der in den unorganischen Körpern auftretenden Bestandtheile ist Aufgabe der anorganischen Chemie, die Beschreibung der die Pflanzen- und Thierkörper zusammensetzenden, verbrennlichen oder organischen Stoffe ist Aufgabe der organischen Chemie, die sich wieder in Pflanzenchemie und Thierchemie theilen läßt.

Chemische Lehren finden vielfache Anwendung in der Technik, Medicin, Pharmacie, Physiologie, beim Acker- und Waldbau.

Es gibt deshalb auch neben der allgemeinen oder theoretischen Chemie eine technische, medicinische, pharmaceutische, physiologische, eine Agriculturchemie u. s. w.

Alle uns bekannten Körper, mögen sie dem Mineralreiche, dem Pflanzen- oder Thierreiche angehören oder in und auf der Erde vorkommen, kann man in zwei große Abtheilungen bringen:

1) **Zusammengesetzte Körper** oder **Verbindungen**, d. h. Körper, welche man in zwei oder mehrere unter sich verschiedene Körper zerlegen kann.

2) **Einfache Körper** oder **Elemente, Grundstoffe**, d. h. solche Stoffe, aus denen man mit unseren jetzigen Hilfsmitteln

keine anderen ausscheiden kann. Man nennt sie deshalb auch chemisch unzerlegbare Stoffe.

Jeder zusammengesetzte Körper enthält zwei oder mehrere einfache Körper (Grundstoffe), welche sich chemisch vereinigt oder verbunden haben.

Man kennt bis jetzt 63 einfache Körper und theilt sie in zwei große Klassen: in Metalle, wie Gold, Silber, Eisen, Kupfer, Kalium, Natrium, Calcium, Magnesium, Aluminium u. s. w., und in Nichtmetalle (Metalloïde), wie Kohle, Schwefel, Phosphor u. s. w.

Diese 63 Grundstoffe bilden das Material, aus dem alle uns bekannten Stoffe aufgebaut sind, aber nur wenige betheiligen sich an der Bildung der Luft, des Wassers, der Gebirgsarten, des Bodens, der Pflanzen und Thiere.

Die atmosphärische Luft besteht im Wesentlichen nur aus zwei Grundstoffen, die mechanisch gemengt sind: Sauerstoff und Stickstoff; zur Bildung des Wassers sind wieder nur zwei Grundstoffe nothwendig, die aber chemisch mit einander verbunden sind: Wasserstoff (zwei Volumtheile) und Sauerstoff (ein Volumtheil); zur Bildung der zahlreichen organischen oder verbrennlichen Bestandtheile des Pflanzen- und Thierkörpers sind nur fünf Grundstoffe erforderlich: Kohlenstoff, Wasserstoff, Sauerstoff, Stickstoff und etwas Schwefel. (Kohlenstoff ist wesentlicher Bestandtheil der Kohle und aller organischen Körper; Wasserstoff, ein Bestandtheil des Wassers, entbindet sich bei Zerlegung des Wassers und ist sehr entzündbar; wegen seiner Leichtigkeit wird es zur Füllung der Luftballone benützt; Sauerstoff, an Wasserstoff gebunden, ist ein Bestandtheil des Wassers, im freien Zustande der Atmosphäre ($^1/_5$), ist das nothwendigste Mittel zum Leben der Thiere und Pflanzen und unterhält die Flamme; Stickstoff, im freien Zustande mit Sauerstoff gemengt, ist Hauptbestandtheil der atmosphärischen Luft ($^4/_5$), gebunden, ein wesentlicher Bestandtheil thierischer Stoffe.)

Viele organische Stoffe bestehen aber nur aus den zwei oder drei erstgenannten Grundstoffen; blos zur Bildung der sogenann ten stickstoffhaltigen organischen Verbindungen ist noch Stickstoff und in manchen Fällen etwas Schwefel unentbehrlich.

Größer ist schon die Zahl der Grundstoffe, welche sich an der Bildung der Fels= oder Gebirgsarten und des Bodens betheiligen; aber doch sind es wieder nur zwölf, die als wesentliche Bestandtheile der Felsarten auftreten, nämlich von Nichtmetallen: Sauerstoff, Wasserstoff, Kohlenstoff, Chlor, Schwefel und Silicium (Grundlage der Kieselerde); von Metallen: Kalium, Natrium, Calicium, Magnesium, Aluminium und Eisen. (Kalium: Grundlage des Kali (Potasche), Natrium des Natron einer feuerbeständigen mineralischen Basis, Calcium der Kalkerde, Magnesium der Talk= oder Bittererde, Aluminium der Thon= oder Alaunerde.) Nur Schwefel und Kohle kommen für sich vor, in allen anderen Gesteinen sind entweder zwei oder mehr von den genannten Grundstoffen mit einander chemisch verbunden.

Unter den zusammengesetzten Körpern gibt es viele, die sauer schmecken und blaues Lakmus (ein blauer Farbestoff, der aus gewissen Flechten gewonnen wird) roth färben. Solche zusammengesetzte Körper nennt man Säuren. Den Gegensatz derselben bilden die Basen, welche laugenhaft schmecken und rothes Lakmus wieder blau färben. Ueberall, wo Säuren und Basen miteinander in Berührung kommen, verbinden sie sich chemisch miteinander zu neuen zusammengesetzten Körpern, die man Salze nennt. Alle Salze enthalten irgend ein Metall, das entweder mit einer Säure oder einem sogen. Salzbildner: Chlor, Brom, Jod oder Fluor verbunden ist. So z. B. besteht der Thon aus wasserhaltigem, kieselsaurem Aluminium, Kalkstein aus kohlensaurem Calcium, Kochsalz aus Chlornatrium u. s. w.

Man spricht deshalb von Eisen=, Blei=, Kupfer=, Silber=, Gold=, Kalium=, Natrium=, Calcium=, Aluminium=Salzen u. s. w.

Der Acker= und Waldboden, unsere Felsarten, die Asche der Pflanzen bestehen aus verschiedenen Salzen. Ebenso kommen gewisse Salze, namentlich Calciumsalze, dann Magnesium=, Natriumsalze (Kochsalz) im Quell=, Fluß= und Meerwasser in größerer oder geringerer Menge gelöst vor (hartes und weiches Wasser).

c) **Naturgeschichte;** sie beschreibt die Naturprodukte nach ihren Eigenschaften oder Merkmalen und zerfällt in die Lehren vom Mineral-, Pflanzen- und Thierreiche.

Mineralreich. Die unorganischen (leblosen) Naturprodukte, welche man als „Mineralien" bezeichnet, haben eine vollkommen gleichartige Masse (wie z. B. der Feuerstein, die Feldspathe, Glimmer, die Edelsteine, die Erze) und kommen in der festen Erdkruste nur in untergeordneter Menge vor. Alle jene Gesteine dagegen, welche große Verbreitung haben und oft ganze Berge und Gebirgszüge zusammensetzen, nennt man **Gebirgs-** oder **Felsarten.** Bei vielen Felsarten ist die Masse gleichartig, wie z. B. beim Quarzfels, Kalkstein, Dolomit, Gyps, Steinsalz, Serpentin (von serpentinus schlangenartig, ein schwarz-grün gefleckter Talkstein); bei vielen anderen ist sie ungleichartig, wie beim Granit, Gneiß, Syenit, Glimmerschiefer, Diorit ꝛc.

Mit der Beschreibung und Classification der Mineralien hat es die **Mineralogie** oder **Oryktognosie** zu thun, mit der Beschreibung der Fels- oder Gebirgsarten beschäftigt sich die **Geologie** und zwar speciell ein besonderer Zweig derselben: die **Petrographie** oder **Gesteinslehre** (auch **Lithologie**).

Die **Geologie** (gleichbedeutend mit **Geognosie**) hat aber auch die Aufgabe, uns mit dem Erdkörper und speciell mit seiner Gestalt, Größe, mit der Beschaffenheit der Erdoberfläche und des Erdinnern, mit dem Baue der festen Erdkruste, mit den Lagerungs-verhältnissen der Gesteine und mit der Entwicklungsgeschichte der Erde und ihrer Bewohner (Pflanzen, Thiere) von den frühesten Zeiten bis herauf zur Gegenwart bekannt zu machen.

Für den Forstmann ist besonders die Kenntniß der wichtig-sten und verbreitetsten Felsarten nothwendig, weil diese das Material liefern für die Bildung des Acker- und Waldbodens.

Alle Gebirgsarten bestehen entweder

a) aus einem einzigen Minerale (einfache, gleichartige oder ungemengte Gesteine), oder

b) aus einem Gemenge zweier oder mehrerer Mineralien (gemengte, ungleichartige Gesteine).

Die einzelnen mineralischen Gemengtheile sind in vielen Fels=
arten unmittelbar krystallinisch verbunden, bei anderen dagegen
sind sie durch ein Bindemittel (Thon, Kalk, Mergel) zu einem
Ganzen verkittet. Darnach zerfallen sämmlliche Felsarten in zwei
große Gruppen:

1) in krystallinische Gesteine, wie z. B. Granit, Gneiß,
Porphyr, Basalt, Kalkstein, Gyps u. s. w.;

2) in Trümmergesteine (öfter auch mechanisch gemengte
Gesteine genannt), wozu die Sandsteine, Breccien, die sogen. Tuffe,
dann die thonreichen Gesteine gehören.

Die gesteinbildenden Mineralien. Es sind nur
wenige Mineralien, welche als wesentliche Bestandtheile oder Ge=
mengtheile der Felsarten auftreten. Vorzugsweise sind es: Quarz,
Feldspath, Glimmer, Hornblende, Augit, Chlorit, Talk, seltener
Leucit, Nephelin; dann Kalkspath, Dolomitspath, Gyps, Steinsalz,
Magneteisen, Eisenglanz; endlich Steinkohle und Braunkohle.
(Augit vom griechischen augé Glanz, dunkellauchgrün und stark=
glänzend; Chlorit von chlorós grüngelb, ein lauchgrüner Talgstein;
Leucit von leukós weiß, ein weißes feldspathähnliches Mineral;
Nephelin von nephéle Nebel, Nebelstein.) Mit diesen wenigen
Mineralien, welche sich an der Bildung der Felsarten betheiligen,
muß man genau bekannt sein, wenn man die Fels= oder Gebirgs=
arten bestimmen und erkennen will.

Die wichtigsten und verbreitetsten Fels= oder Gesteinsarten,
welche sich an der Bildung des Bodens betheiligen, sind folgende:

I. Krystallinische Gesteine;

a) einfache oder ungemengte: Quarzfels oder Quarzit (kry=
stallinische Kieselsäure), am Stahle viele Funken gebend; Kalk=
steine (kohlensaurer Kalk mit mehr oder weniger Thon oder Kiesel=
säure verunreinigt), vom Messer sehr leicht ritzbar und mit Salz=
säure befeuchtet stark aufbrausend; Dolomite (kohlensaurer Kalk,
verbunden mit kohlensaurer Magnesia), feinkörnig oder dicht; Gyps
(wasserhaltiger, schwefelsaurer Kalk), schon vom Fingernagel ritzbar;

b) gemengte oder zusammengesetzte ungleichartige:

α) Geschichtete oder krystallinische Schiefergesteine:

Gneiß; Gemengtheile: Feldspath, Glimmer und Quarz; Struktur flaserig bis schieferig.

Glimmerschiefer; Gemengtheile: Glimmer und Quarz; Struktur schieferig.

Urthonschiefer (Phyllit von phyllon, Blatt) oder Thonglimmerschiefer, ein höchst inniges Gemenge von pulverförmigem Feldspath, Quarz, Chlorit und vielen kleinen Glimmerblättchen; Struktur ausgezeichnet schieferig und ist dunkelgrau, grünlich, oder schwarzblau gefärbt.

Chloritschiefer, Talkschiefer und Hornblendeschiefer kommen seltener vor.

β) **Ungeschichtete oder Massengesteine:**

Granit; Gemengtheile: Feldspath, Quarz und Glimmer; Struktur grob- bis feinkörnig.

Syenit; Gemengtheile: schwarze Hornblende und weißer oder rother Feldspath (häufig auch etwas Glimmer und Quarz), Struktur körnig.

Porphyr; die Grundmasse ist dicht- oder feinkörnig und besteht aus einem innigen gleichartigen Gemenge von Feldspath mit Quarz (Felsit). In dieser Grundmasse sind Krystalle oder Körner von Feldspath, Quarz, Glimmer, zuweilen Hornblende ausgeschieden. (Quarzhaltiger Porphyr oder Felsitporphyr und quarzfreie oder Porphyrite.)

Melaphyr; Gemengtheile: Kalkfeldspath, Augit und Magneteisen; Struktur feinkörnig bis dicht, oft mandelsteinartig. In der Regel von schwarzer Farbe, ähnlich wie Basalt.

Von geringerer Verbreitung sind: Diorite und Diabase (Grünstein).

Basalt; Gemengtheile: Kalkfeldspath (Labrador), Augit und Magneteisen. Statt Labrador kommt in manchen Basalten Nephelin oder Leucit vor. Man unterscheidet deshalb gegenwärtig: Feldspath-, Leucit- und Nephelin-Basalte.

Die einzelnen Gemengtheile sind so innig zusammengeschmolzen, daß die Basalte gleichartig erscheinen; sie sind von schwarzer oder dunkler Farbe; Struktur dicht, bisweilen mandelsteinartig oder porphyrartig, auch blasig.

Charakteristisch für die meisten Basalte ist, daß sie grüne, glasglänzende Olivinkörner eingeschlossen enthalten.

Basalt von körniger Struktur nennt man Dolerit.

Phonolith (Klingstein) besteht aus einer scheinbar dichten, gelblich= oder grünlich=grauen Masse, die vorwiegend aus Feld=spath besteht und etwas Nephelin enthält; Struktur dicht, bis=weilen porphyrartig.

Trachyt; Gemengtheile: vorherrschend Feldspath (Sanidin), mit oder auch ohne Quarz, öfters Glimmer und Hornblende. Die Grundmasse ist dicht, rauh anzufühlen und scheinbar gleichartig. Häufig werden größere Sanidinkrystalle ausgeschieden (Trachyt=porphyre). (Granit vom franz. granit gekörnt; Syenit von der Stadt Syene in Oberegypten, Porphyr vom griech. porphyra Purpur, Melaphyr vom griech. melas schwarz, Diorit vom griech. diorizein unterscheiden; Diabas von diabainein hinübergehen, ersterer aus Hornblende und dichtem Feldspath gemengt, letzterer aus Labrador und Augit, Basalt vom hebr. barsel, Eisen, in Beziehung auf seine Härte, Dolerit vom griech. dolerós betrügerisch, Phonolith vom griech. phóne Laut, Trachyt von trachýs rauh, Sanidin vom griech. sanidion Täfelchen, glasiger Feldspath.)

II. Trümmergesteine oder mechanisch gemengte Gesteine:

Conglomerate: Abgerundete Bruchstücke verschiedener Ge=steine von wenigstens Erbsengröße, sind durch ein kalkiges, thoni=ges, mergeliges oder dolomitisches Bindemittel verkittet.

Sind die Gesteinsbruchstücke nicht abgerundet, sondern eckig und kantig, so heißt man die Gesteine Breccien.

Sandsteine: Quarzkörner von der Größe eines Hirsekornes bis zur Größe einer Erbse sind durch eisenhaltigen Thon oder durch ein kalkiges, mergeliges, kieseliges Bindemittel verbunden.

Grauwacke: Die Gesteinsfragmente bestehen aus grauem oder braunem Thonschiefer, schwärzlich=grauen Kieselschieferkörnchen und Quarzsand, welche durch ein kieselig=thoniges Bindemittel sehr fest verkittet sind. Dazu gesellen sich häufig Glimmerschuppen, wodurch dann das Gestein schieferige Struktur bekommt (Grau=wackenschiefer).

Die vulkanischen Tuffe haben als bodenbildende Gesteine keine Bedeutung; dagegen sind noch die thonreichen Gesteine zu nennen, die aus thonigem Schlamm erhärtet sind.

Thonschiefer enthält mikroskopisch kleine Glimmerschüppchen, Quarzkörnchen und verhärteten Thonschlamm; seine Masse ist gleichartig, dünnschieferig und von bläulich-schwarzer oder grauer, bisweilen auch von rother, gelber Farbe. Der Dach- und Tafelschiefer ist eine Abart vom Thonschiefer.

Schieferthon besteht aus hart gewordenem Thone, dem mikroskopisch kleine Glimmerschüppchen und staubartiger Quarzsand innig beigemengt ist; er ist noch weicher als Thonschiefer, meistens von rother oder brauner, grauer oder schwarzer Farbe.

Mergel- und Mergelschiefer: Ein inniges Gemenge von Thon mit mindestens 20% kohlensaurem Kalk, enthält oft noch feinen Sand (Kalk-, Thon-, Sandmergel), ist dicht oder schieferig, sehr weich, verwittert leicht, löst sich in Salzsäure unter Brausen und hinterläßt als Rückstand viel Thonschlamm.

Das Innere unserer Erde mit einem Durchmesser von 1713 Meilen befindet sich sehr wahrscheinlich noch in feuerflüssigem Zustande, wofür vor Allem die Thatsache spricht, daß die Wärme gegen das Innere der Erde zunimmt und zwar für je 100 Fuß um einen Grad; in einer Tiefe von 10,000 Fuß oder 0,4 Meilen herrscht bereits die Temperatur des siedenden Wassers und in einer Tiefe von 30 Meilen eine solche Hitze, daß die härtesten Gesteine zu Basalten und Laven schmelzen. Wahrscheinlich war die Erde einst ein glühender Feuerball und ist aus einem ursprünglich gas- oder dunstförmigen Zustande hervorgegangen. Vom Zustande glühender Gase ging dieselbe in Folge fortschreitender Abkühlung in den — wenn man so sagen darf — eines glühenden Meeres über, in welchem durch Druck und Wärme überhitzten Zustand vermuthlich jene merkwürdige Steine erzeugt wurden, die wir als feste Theile der Erdrinde, so tief wir in dieselbe eindringen, immer wieder finden, den Gneiß, Granit ꝛc. und wodurch sich bereits festes und flüssiges Land ausschied. Dieses sogenannte Urgebirgsgestein ist gewissermaßen das Fundament der festen Erdkruste, der Knochenbau, an den sich die späteren weicheren Schichtgesteine anlegen konnten.

Nach ihrer Bildungs- oder Entstehungsweise lassen sich die Felsarten eintheilen in:

1) **Eruptivgesteine** (pyrogene, aus dem Feuer entstandene Gesteine, Massengesteine oder ungeschichtete Gesteine), die ähnlich wie die Lava als feurig-flüssige Massen mit Gewalt aus dem Innern der Erde kamen, Hebungen unserer Erdrinde veranlaßten und durch Abkühlen fest wurden.

Nach ihrem Alter zerfallen sie wieder in:

a) **ältere Eruptivgesteine** oder **plutonische Felsarten**: Granit, Syenit, Porphyre, Grünsteine, Melaphyr; deren Bildung tief im Erdinneren durch Erstarrung erfolgte,

und b) in **jüngere Eruptivgesteine** oder **vulkanische Felsarten**: Basalt, Dolerit, Phonolith, Trachyt, Lava u. s. w.

2) **Sedimentgesteine**, neptunische oder geschichtete Gesteine, die sich durch mechanischen oder chemischen Absatz größtentheils auf dem Grunde der Meere (also aus Wasser) in Form von Schlamm abgesetzt haben (sedimentär, satzartig) und durch Austrocknen erhärteten. Sie finden sich in der Erdkruste in Schichten übereinander abgelagert und enthalten häufig Ueberreste von vorweltlichen Pflanzen oder Thieren (Petrefakten oder Versteinerungen). Es gehören hierher: Kalksteine, Dolomite, Mergel, Sandsteine, Grauwacke, Conglomerate, Thonschiefer, Schieferthone, auch Gyps, Steinsalz und die fossilen Kohlen (Steinkohlen und Braunkohlen).

3) **Metamorphische Gesteine**, die erst im Laufe der Zeit durch chemische Umwandlung aus anderen Gesteinen sich gebildet haben. Man rechnet dazu: Gneiß, Glimmerschiefer, Urthonschiefer, dann Chlorit-, Talk- und Hornblendeschiefer. Es sind dies mit dem Granit und Syenit die ältesten Gesteine, die wir kennen (Urgebirgsarten), und sie bilden daher auch die untersten Schichten (das Fundament) unserer festen Erdkruste, wie schon vor bemerkt wurde.

Ueber ihre Entstehung sind aber die Ansichten der Geologen noch sehr getheilt. Manche halten sie für die erste feste Kruste unserer Erde, Andere nehmen an, daß sie sich ebenfalls aus Wasser absetzten, also neptunischen Ursprungs seien und die ältesten Sedimentbildungen repräsentirten. Sie treten ähnlich, wie die Sedimentgesteine, in der festen Erdkruste geschichtet auf und sind krystallinisch schieferig (daher auch krystallinische Schiefergesteine genannt).

Diese verschiedenen Gesteinsarten, welche unsere feste Erdkruste zusammensetzen, sind nicht zu gleicher Zeit, sondern in verschiedenen „geologischen Perioden" gebildet worden.

Wie die Geschichte der Menschheit wird auch die Erdgeschichte in größere und kleinere Zeitabschnitte eingetheilt. Die kleineren Zeitperioden werden als Formationen bezeichnet. Zu einer und derselben Formation gehören also Gesteinsarten von ziemlich gleichem Alter und unter ähnlichen Verhältnissen gebildet.

Nach dem jetzigen Stande der Wissenschaft wird die Erdgeschichte in folgende Hauptperioden und Unterabtheilungen eingetheilt:

I. **Aeltestes und erstes Zeitalter oder azoïsche Periode** (von dem griechischen verneinenden a und záō, zō, leben; ohne Pflanzen und Thiere), früher Urgebirg genannt. Sie zerfällt in die Formation des Urgneißes (Granit, Syenit) und in die Formation der metamorphischen Urschiefer (Glimmerschiefer, Chloritschiefer, Urthonschiefer).

II. **Altes Zeitalter oder paläolithische Periode** (von palaiós, alt und lithós, Stein). Zeitalter der Kryptogamen. Sie zerfällt in:

Silurformation, } ehemaliges Uebergangsgebirge, auch Grau-
Devonformation, } wackenformation genannt (Uebergangskalk mit Feuerstein, Feldspath, Grauwacke, Thonschiefer ꝛc.) (Bezeichnungen, welche sich auf diejenigen Länder Englands beziehen, woselbst diese Formationen besonders entwickelt sind),

Steinkohlenformation,

Dyasformation (Rothes = Todtliegendes, ein rothes Conglomerat oder rother Sandstein und Zechstein, Kalksteine oder Dolomite, auch Gyps, Kupferschiefer ꝛc) (Dyas = Zweizahl.)

III. Mittleres Zeitalter oder mesolithische Periode, Zeitalter der Reptilien, Fische und Nadelwälder (von mésos, mitten) gliedert sich in folgende Formationen:

Triasformation (Bunt-Sandstein, Muschelkalk und Keuper);

Juraformation (schwarzer Jura oder Lias, dunkelfarbige Schiefer und Kalke, brauner Jura oder Dogger, die braunen eisenhaltigen Sandsteine, weißer Jura oder Malm, weißer Kalk und Dolomit).

Kreideformation, zerfällt in eine untere, mittlere und obere Abtheilung (Mergelschiefer, Kalke, Grünsand, weiße Kreide u. s. w.).

IV. Neues Zeitalter oder känolithische Periode (von kainós, neu), eigentliches Zeitalter der Säugethiere und Laubwälder. Wird gebildet aus der:

Tertiärformation (Eocaen oder ältere Abtheilung, Miocaen oder mittlere Abtheilung und Pliocaen oder obere neue Abtheilung, von ἠός, Morgenröthe, meson, kleiner, pleion, voll, ganz, mehr, und kainós gebildet), hauptsächlich sind es Conglomerate und Sandsteine (ältere Nagelfluhe), und lose Sandmassen, Thon, Schieferthon, Mergel (Flysch) und mancherlei Kalksteine, welche die hervorragendsten Gebirgsglieder der Tertiärformation bilden, denen auch die Braunkohlenflöze eingeschaltet sind. (Molasse.)

Quartär- oder Diluvialformation mit der Eiszeit (Sand- und Geröllablagerungen, Lehm- und Lößablagerungen, Torflager, ewiger Schnee, Gletscher).

Alluvialformation, Jetztzeit; gegenwärtige Ablagerungen von Quellen, Flüssen, Seen, Meeren und die jetzigen vulkanischen Produkte (Lava).

Alle diese Formationen sind aus den verschiedenen obengenannten geschichteten Gesteinen zusammengesetzt, die häufig von Eruptivgesteinen durchbrochen werden.

Nach Häckel mag die gesammte Dicke der geschichteten Gesteinsmassen durchschnittlich 40 000 m oder circa 5 Meilen be-

tragen, wovon nur circa 200 m auf das anthropolithische Zeit=
alter — die Menschzeit — treffen, so daß der Zeitraum, seit=
dem der Mensch existirt (Diluvialformation) nur $\frac{1}{2}$ % der ganzen
Länge der Erdgeschichte ausmachen würde, während es ganz unmög=
lich ist, die ungeheure Länge der verschiedenen Zeiträume nach
Jahren zu berechnen.

An die Geologie schließt sich naturgemäß die Bodenkunde
an, d. h. jene Wissenschaft, welche zu ermitteln hat: die Ent=
stehungs= oder Bildungsweise unserer Culturböden, die Bestand=
theile derselben, die Eigenschaften der verschiedenen Bodenarten,
die Ursache ihrer größeren oder geringeren Fruchtbarkeit und ihrer
Erschöpfung oder Verarmung, die Mittel zu ihrer Verbesserung
u. s. w.

Die Bestandtheile des Bodens.

Jeder Culturboden, mag es Acker=, Wald= oder Garten=
boden sein, enthält vorwiegend mineralische oder unorga=
nische und eine gewisse Menge organischer Stoffe (Humus).

Die mineralischen Stoffe finden sich im Boden theils in Form
größerer oder kleinerer Gesteinstrümmer (als Sand, Gerölle, Ge=
schiebe, Grieß), theils pulverförmig oder staubartig zerkleinert, wie
z. B. der Thon.

Diese staubartig zerkleinerten Bodenbestandtheile nennt man
„Feinerde". Die Pflanzen beziehen ihre Nahrung zum größten
Theil aus der Feinerde, deshalb ist ein Boden, der keine Fein=
erde enthält, sondern nur aus Steinschutt besteht, unfruchtbar.

Neben Gesteinsfragmenten und Feinerde muß jeder fruchtbare
Boden eine gewisse Quantität Humus enthalten.

Die Hauptbestandtheile unserer Culturböden sind: Sand
(Quarz=, Kalk= oder Dolomitsand), Thon, oft auch Kalk und
Humus.

Außerdem kommen aber noch in jedem Boden eine Reihe
verschiedener Salze vor, die den Pflanzen zur Ernährung dienen
und nach der Verbrennung derselben als Asche zurückbleiben.

Woher stammen die einzelnen Bodenbestandtheile?

Die mineralischen Bodenbestandtheile (die Gesteinstrümmer, Feinerde und die Salze) werden durch Verwitterung der Fels- oder Gebirgsarten geliefert, die organischen (Humus) gelangen durch die Verwesung von Pflanzenabfällen (Blättern, Moos, Aesten, abgestorbenen Wurzeln 2c.) in den Boden.

Die Verwesung findet aber nur bei ungehindertem Luftzutritt, bei einem gewissen Wärme- und Feuchtigkeitsgrade statt.

Die Verwitterung der Gesteine, d. h. ihre allmälige Zertrümmerung und Zersetzung geschieht in Folge der Einwirkung des Wetters, speziell des Temperaturwechsels, des Frostes, des Wassers und der Luft, ja selbst die Pflanzen tragen durch das Eindringen ihrer Wurzeln zur Verwitterung der Gesteine viel bei.

Keine Gesteinsmasse kann diesen Einflüssen gänzlich wider- stehen, in kürzerer oder längerer Zeit zerfallen alle in gröbe- ren oder feineren Gesteinsschutt und schließlich in Feinerde (Schlamm).

Von den einzelnen mineralischen Felsgemengtheilen werden in Folge der Verwitterung folgende Bodenbestandtheile geliefert:

der Sand (Quarzsand) des Bodens stammt von Quarz;

der Thon ist ein Verwitterungsprodukt der Feldspathe;

Lehm, ein Verwitterungsprodukt des Glimmers, der Horn- blende und des Augits;

den Hauptlieferanten für Kalk bilden die Kalksteine, Mergel und Dolomite.

Die verschiedenen Salze, welche die Pflanzen zur Ernäh- rung bedürfen (die sogen. mineralischen Nährstoffe), werden vor- zugsweise durch die Feldspathe, durch Glimmer, Augit und Horn- blende geliefert.

In Gebirgsgegenden stammt der Boden von dem Gestein ab, das sich im Untergrunde findet; er liegt also dort noch am Orte seiner Entstehung; in Thälern, in Ebenen dagegen sind die Bodenbestandtheile aus den Gebirgen durch Wasser herbeigeführt worden (angeschwemmte Böden).

Wovon hängt die Fruchtbarkeit oder Güte eines Bodens ab?

Von einem guten, d. h. fruchtbaren Boden verlangen wir, daß er

1) alle erforderlichen mineralischen Pflanzennährstoffe (Salze) in hinreichender Menge und in aufnehmbarer Form enthält;

2) genügende Feuchtigkeit, also die erforderliche wasserfassende und wasserzurückhaltende Kraft besitzt;

3) nicht zu locker und nicht zu bindend ist, damit Wärme, Luft und Feuchtigkeit in hinreichender Menge eindringen, und die Wurzeln sich gehörig ausbreiten und ausbilden können; endlich

4) daß er die für die Ausbreitung der Wurzeln erforderliche Tiefgründigkeit hat.

Im Allgemeinen kann man sagen, daß jeder Boden, der eine gewisse Menge Thon oder Lehm und Humus enthält, im Stande sei, die Pflanzen hinreichend zu ernähren; ein solcher Boden besitzt auch die gehörige Frische und Lockerheit, vorausgesetzt, daß der Thongehalt nicht zu groß ist.

Unter sonst gleichen Verhältnissen hat natürlich auch das Klima und die Lage (Meereshöhe, Exposition, Neigung) großen Einfluß auf die Bodengüte.

Ueppiges Wachsthum von Gras, Farnkräutern, Brom- und Himbeeren, Brennnesseln, Tollkirschen 2c. deutet stets auf guten Boden.

Die Fruchtbarkeit des Waldbodens läßt sich am besten erhalten und schlechter Waldboden kann verbessert werden durch Beschattung desselben (hinreichenden Bestandsschluß, Schutzholz) und durch möglichste Schonung der Streudecke.

Nasser Boden muß durch Entwässerung verbessert werden, nur darf hiebei nicht zu weit gegangen werden, damit der Boden nicht zu sehr austrocknet und das Grundwasser nicht zu stark sinkt.

Entwässerungen werden durch Gräben bewerkstelligt. Hierbei gilt als Regel: Jeden Graben bis zum undurchlassenden Untergrunde zu legen.

Die Graben=Böschung muß um so stärker sein, je lockerer der Boden ist; im gewöhnlichen Lehmboden rechnet man für die obere Weite zweimal die senkrechte Tiefe, hinzugenommen die Breite der Grabensohle. Das Gefäll soll nicht zu groß und möglichst gleich auf die ganze Länge des Grabens vertheilt sein. Bei einem Gefäll von 1 auf 300 zieht das Wasser noch ziemlich gut ab. Die Breite der Grabensohle richtet sich nach der Menge Wasser, welche in gewöhnlicher Zeit zu erwarten steht. Bei Versumpfungen durch Tagwasser ist nur der Wasserüberfluß der atmosphärischen Niederschläge durch Gräben zu entfernen. Wenn dagegen eine Versumpfung am Fuße eines Abhanges sich befindet und durch Quellwasser entstanden ist, darf man voraussetzen, daß das Versumpfungswasser vom Abhang her zudringt, und ist vor Allem längs des Abhanges ein sogenannter Abfanggraben, der das herzudringende Wasser aufnimmt, herzustellen. Solcher kann oft zugleich als Ableitungsgraben dienen; ist aber ein besonderer Ableitungsgraben nöthig, so wird dieser durch die tiefste Stelle der Versumpfung gelegt und mit dem Abfanggraben verbunden. Durch Seiten- oder Nebengräben wird das sonstig noch vorhandene Versumpfungswasser dem Ableitungsgraben zugeführt.

Die Hauptbodenarten und ihre wichtigsten Eigenschaften.

Man unterscheidet:

1) Thonboden,
2) Lehmboden,
3) Kalkboden,
4) Mergelboden und Lößboden,
5) Sandreiche Böden: Sandboden, lehmigen Sandboden, sandigen Lehmboden,
6) Humusboden,
7) Steinigen Boden.

Thonboden enthält 50—70% Thon, ist in der Regel zu bindend, setzt dem Eindringen der Wurzeln und der Luft zu großen Widerstand entgegen, saugt viel Wasser auf, gibt leicht Anlaß zu Versumpfungen; ist im nassen Zustande schmierig, im trockenen sehr hart; wo die Sonne Zutritt hat, bildet sich an der Oberfläche leicht eine harte, feste Kruste, und er läßt sich schwer bearbeiten. Ist er mit Sand, Kalk und Humus gemengt, so erhöht sich seine Fruchtbarkeit.

Lehmboden enthält circa 30—40% Thon, 60% Sand und dergl. Er läßt sich trocken unter dem Fingernagel nicht mehr glätten und gehört zu den besten Bodenarten, namentlich wenn er noch kalk= und humushaltig ist; er bleibt nach der Bearbeitung lange krümmlich, ist weder zu naß noch zu trocken, weder zu locker noch zu bindend, nimmt die atmosphärischen Niederschläge leicht auf und trocknet nicht zu schnell aus.

In allen thon= und lehmreichen Bodenarten ist der Vorrath an assimilirbaren Nährstoffen viel größer, als beispielsweise in sandreichen Böden, daher auch erstere nicht so leicht erschöpft werden, als letztere.

Kalkboden enthält mindestens 30% kohlensauren Kalk, dann Thon, Sand, Humus ꝛc. Der Kalk ist theils sandförmig, theils pulverig (schlammartig) beigemengt. Alle Kalkböden sind leicht daran zu erkennen, daß sie, mit Salzsäure begossen, stark aufbrausen.

Die Güte der Kalkböden ist sehr verschieden.

Besteht der Kalkboden nur aus größeren und kleineren Kalk= trümmern (Kalksand), so ist er so schlecht wie Sandboden; ist dagegen pulverförmiger Kalk mit Thon und Humus gemengt, so besitzt er große Fruchtbarkeit. Den Kalkboden bezeichnen: Enzian, Maiblume, Huflattich.

Alle thon= und lehmreichen Böden werden durch Kalk wesent= lich verbessert, denn er befördert die Zersetzung (Aufschließung) der mineralischen und organischen Bodenbestandtheile und macht dadurch die Pflanzennährstoffe assimilirbar. Einen mineralisch kräftigen Boden zeigen an: gemeiner Seidelbast, Hollunder, Heckenkirsche, Haselnuß.

Die Waldbäume machen große Ansprüche an Kalk.

Mergelboden und Lößboden. In beiden ist pulveriger kohlensaurer Kalk mit mehr oder weniger Thon und feinem Sand so innig gemengt, daß man ihn mit dem Auge nicht erkennen kann; er läßt sich aber leicht nachweisen durch das Aufbrausen beim Begießen mit Salzsäure. Beide Bodenarten sind äußerst fruchtbar und verhalten sich ähnlich wie kalkhaltige Lehmböden.

Die sandreichen Bodenarten bestehen zum größten Theil aus Quarzsand und sind thonarm.

Sandboden enthält höchstens 10% Thon, das Uebrige ist Sand; im lehmigen Sandboden beträgt der Thongehalt 10 bis 20%, im sandigen Lehmboden 20—30%.

Je sandreicher, desto schlechter der Boden, denn er ist dann zu locker, trocknet rasch aus, und eindringendes Regenwasser sickert schnell in die Tiefe. Solchen Böden fehlt es an der nöthigen Feuchtigkeit, auch sind sie in der Regel sehr arm an Pflanzen= nährstoffen. Sie erwärmen sich schnell, erkalten aber auch rasch durch Wärmeausstrahlung. Doch sind nicht alle Sandböden von gleicher Unfruchtbarkeit; am schlechtesten sind jene, die nur aus Quarzkörnern bestehen, finden sich dagegen neben Quarzsand gelbe oder weiße Feldspathkörnchen, glänzende Glimmerblättchen oder schwarze Körner von Hornblende (wie es in der norrddeutschen Ebene oft der Fall ist), so erhöht sich dadurch die Fruchtbarkeit des Sandbodens bedeutend.

Gleiches ist der Fall, wenn der Sand mehr oder weniger Thon beigemischt enthält, deshalb ist sandiger Lehmboden besser als lehmiger Sandboden, und dieser besser als reiner Sandboden.

Grobkörniger Sand zeigt sich schlechter, als feinkörniger. Ist der Sand staubartig fein und enthält er Glimmerblättchen beige= mengt, so kann er so wasserundurchlassend werden, als Thon= boden. Den Sandboden bezeichnen Haide, Besenpfriemen, Ginster; mit Flechten (Hungermoos) untermengte Haide deutet auf trockenen, fast aller mineralischen Nährstoffe baaren Sandboden.

Humusböden mit vorherrschendem Humusgehalt sind eigent= lich nur die schlechten Moor= und Torfböden. In unseren fruchtbaren Culturböden beträgt der Humusgehalt nur einige Prozente. Durch diese Humusbeimischung werden nicht nur die physikalischen Eigenschaften des Bodens (sein Verhalten zur Wärme, Feuchtigkeit, Luft) wesentlich verbessert, sondern es bildet auch der Humus in Folge seiner fortschreitenden Zersetzung eine ständige Quelle von Kohlensäure und etwas Ammoniak, die den Pflanzen zur Ernährung dienen. (Kohlensäure: eine Verbindung von Kohlenstoff und Sauerstoff; Ammoniak: eine Verbindung von Stickstoff und Wasserstoff, und wird erstere durch den Respirations= prozeß der Menschen und Thiere, durch Gährung zuckerhaltiger Flüssigkeiten, dann beim Verwesen als Verbrennen organischer Körper, letzteres bei der Fäulniß und trockenen Destillation stick= stoffhaltiger, organischer, insbesondere thierischer Körper erzeugt.) Endlich befördert Humus die Aufschließung mineralischer Nähr= stoffe und macht dieselben löslich. Durch seine Aschenbestandtheile trägt Humus ebenfalls zur Ernährung der Pflanzen bei. Der sog. Staub= oder Haidehumus, dann der saure Humus wird durch Unterbringung in den frischen Mineralboden, durch Beimengung von Kalk= oder Holzasche zersetzt und in normalen Humus um= gewandelt.

Steinige Böden, die vorwiegend nur aus Schutt, Kies, Gerölle und größeren Gesteinsfragmenten bestehen, sind um so schlechter, je weniger Thon, überhaupt Feinerde sie enthalten. Aus den Gesteinstrümmern vermag die Pflanze direkt nur sehr wenige Nährstoffe aufzunehmen, sie entwickelt sich kümmerlich.

Hinsichtlich des Feuchtigkeitsgrades unterscheidet man: sumpfige, nasse (kalte), frische trockene und dürre Böden.

Für die meisten Holzgewächse ist „frischer“ Boden am ge= eignetsten; versumpfter und nasser Boden entsteht leicht, wenn Ober= und Untergrund, oder auch der Untergrund allein sehr thonreich ist, oder aus wasserundurchlassendem Felsen besteht. Auf nassem Boden finden sich Moose, Binsen, Riedgräser, Schilfe ꝛc. Sehr tiefgründig ist der Boden, wenn der Obergrund circa 1 Meter Tiefe zeigt. Der Obergrund lagert auf dem Untergrunde. Bei tieferem Boden, d. h. bei tieferem Obergrunde wurzeln die Holz= gewächse besser ein, wie in seichtem Grunde, sie finden leichter und bessere Nahrung, und der Untergrund kann weniger seine nachhaltigen Einflüsse auf den Obergrund äußern.

Bodenarten, die sich schwer bearbeiten lassen, wie z. B. Thon= böden, nennt man auch „schwere“ Böden, im Gegensatz zu den „leichten“, die sich leicht bearbeiten lassen, wie z. B. die sand= reichen Böden.

Die **Botanik** oder Pflanzenkunde ist derjenige Theil der Naturgeschichte, welcher sich die wissenschaftliche Erkenntniß des Pflanzenreichs zur Aufgabe stellt.

Man unterscheidet reine und angewandte Botanik.

Die erstere umfaßt:

1) die allgemeine Botanik, und zwar:

a) Organographie oder Morphologie; die Lehre von der Form und Gestalt der einzelnen äußeren Pflanzentheile oder Organe;

b) die Pflanzenanatomie: die Lehre vom inneren Bau der Pflanzentheile;

c) Pflanzenphysiologie: die Lehre von den Lebensverrichtungen der Pflanzen;

d) Systemkunde: die Lehre von der wissenschaftlichen Gruppirung des Pflanzenreichs;

2) die specielle oder beschreibende Botanik, welche die Schilderung aller bekannten Pflanzen zur Aufgabe hat.

Die angewandte Botanik berücksichtigt nur die Pflanzen, welche in verschiedenen Zweigen des praktischen Lebens Anwendung finden. Es giebt demnach eine medicinisch=pharmaceutische Botanik (Arznei= und Giftpflanzen);

Forstbotanik, die Lehre von den forstlich wichtigen Holzgewächsen;

landwirthschaftliche Botanik, welche von den im Großen angebauten Nutzpflanzen handelt;

Gartenbotanik, technische Botanik.

Die einzelnen äußeren Theile oder Organe der Holzgewächse sind: die Wurzeln, der Stamm mit seinen Aesten und Knospen, die Rinde, das Blatt, die Blüthe und Frucht.

Unter den Wurzeln unterscheidet man Pfahl= oder Herzwurzeln, Seitenwurzeln und Faser= oder Saugwurzeln. Die beiden ersteren dienen zur Befestigung des Baumes im Boden, die letzteren, und zwar hauptsächlich die Spitzen derselben, zur Nahrungsaufnahme.

Der Stamm besteht aus dem Mark, dem Holzkörper mit den Markstrahlen, der Rinde mit dem Bast.

Das Mark, in der Mitte des Holzkörpers, besteht in der Jugend aus saftigem Zellgewebe; später werden die Zellen leer, vertrocknen, sind meist weiß oder braun und ihre Wände oft stark verholzt (Buche).

An das Mark schließt sich der Holzkörper mit den einzelnen Jahresringen und den Markstrahlen an.

Das Holz der Laubbäume besteht aus Holzzellen (Holzfasern) und Holzgefäßen, Holzröhren oder Gliederröhren, die im Alter stets Luft führen, so daß sie auf feinen Holzquerschnitten als kleine Löcher (Poren) erscheinen. Bei den Nadelhölzern besteht das Holz nur aus Holzzellen, Gefäße fehlen, dagegen finden sich in demselben Harzgänge, Kanäle, welche außer Luft noch Harz enthalten, die auch in der Rinde und den Blättern vieler Nadel= hölzer vorkommen.

In jedem Jahre bildet sich bei unseren Holzgewächsen ein neuer Holzring (Jahresring), weshalb man aus der Zahl der Jahresringe auf das Alter der Bäume schließen kann. Der innere Theil eines jeden Jahrringes (das Frühlingsholz) ist immer weicher und weniger dicht, als der äußere Theil (Sommerholz), der härter, dichter und dunkler gefärbt ist. Die Dicke der Jahresringe ist nach Holzart, dem Alter und Standorte verschieden. Die Früh= jahr=Holzbildung schließt mit beendigtem Längenwuchs und be= ginnender Knospenbildung ab; Holzarten, bei welchen frühzeitig die Knospenbildung beginnt, wie bei der Eiche, Ulme, Buche, Ahorn, Esche, werden daher auch wenig Frühjahrsholz, dagegen mehr Sommerholz bilden.

Strahlenförmig durch das Holz bis zur Rinde gehen die Markstrahlen oder Spiegelfasern, die einen Saftaustausch zwischen dem Marke, dem jungen Holze und der Rinde unter= halten und den Querverband für die einzelnen Jahresringe bilden. Das innere, ältere, saftlose, in der Regel dunkler gefärbte und festere Holz, in welchem die Markstrahlen verholzt sind, führt den Namen Kernholz; das äußere, noch weiche und blasse, in welchem die Markstrahlen noch mit Säften erfüllt sind, wird Splintholz genannt.

Hört ein Zweig durch irgend eine Ursache auf zu wachsen und stirbt ab, so wird er allmählig von den Jahresschichten des Stammes überdeckt, wodurch die sogenannten Holzäste in den Brettern entstehen. An der Rinde, welche den Holzkörper umgibt, hat man die äußeren und inneren Rindenlagen oder Zellschichten von einander zu unterscheiden.

An Pflanzenstengeln, dann an den jüngeren Stämmen, Aesten und Zweigen nennt man den äußeren Ueberzug Oberhaut oder Epidermis. Mit zunehmendem Alter zerreißt aber die Oberhaut und stirbt bald völlig ab, wofür dann Korkbildung eintritt.

Wenn mit dem Anwachsen des Holzkörpers die Ausdehnung der Rinde nicht mehr gleichen Schritt halten kann, so zerreißt sie und es bildet sich in der inneren Rinden= oder Zellschichte die Borke, jene rauhe, rissige Rindenmasse, wie sie sich an den meisten älteren Stämmen unserer Bäume findet.

Die innerste Schichte der Rinde wird vom Bast gebildet, der sich mit der Rinde vom Holzkörper ablösen läßt. Er besteht aus Gefäßbündeln und erhält jedes Jahr von innen her neuen Zuwachs.

An dem äußersten Umfange des Holzkörpers, zwischen Rinde und Splint, wo sich die Rinde mit dem Bast leicht lostrennen läßt, findet sich rings um denselben ein Gewebe (das Cambium), das theils aus langgestreckten, theils kürzeren dünnwandigen Zellen besteht, deren Inhalt sehr saftreich ist und viel assimilirbare Pflanzensubstanzen, namentlich Proteïnstoffe (sog. Bildungssaft) enthält. Dieser Saft des Cambiums wird zur Bildung neuer Zellen verwendet, welche sich allmählig in Bast= und Holzzellen und in Gefäße umbilden; diese entstandene neue Masse legt sich einerseits an die innerste Seite der Rinde, dem Baste, anderseits von außen an den Holzkörper an und bildet so den neuen Jahres=ring. Auf diese Weise werden die Säfte des Cambiums zur jährlichen Neubildung (zum Zuwachs) des Holzes und der Rinde verwendet.

Die Blätter gehören, wie die Wurzeln, zu den Ernährungs=organen, bilden aber auch zugleich die Verdunstungs= und Assimilationsorgane der Pflanzen.

An einem normalen Blatt unterscheidet man: Blattstiel und Blattfläche. Den unteren, etwas verdickten Theil des Blattstiels, der die Basis desselben bildet und den Stengel umfaßt, nennt man Scheidentheil. In der Blattfläche unterscheidet man die aus Gefäßbündeln bestehenden Nerven oder Rippen; die obere und untere Blattfläche und dazwischen das Blattfleisch. Letzteres besteht aus lockerem, mit wässerigen Säften erfülltem Zellgewebe; die untere Fläche der Blätter enthält meistens mehr Spaltöffnungen als die obere; die Zellen der oberen Blattfläche sind dagegen reicher an Chlorophyll (Blattgrün) als die untere Fläche.

Holzarten, deren Blätter über Winter nicht abfallen, heißen wintergrüne.

Der Zweck der Blüthe ist, Samen und Früchte zu erzeugen. Die wesentlichsten Organe der Blüthe, welche zur Fortpflanzung dienen, sind: die Staubfäden oder die männlichen Fortpflanzungsorgane mit dem Staubbeutel, der den Blüthenstaub (Pollen) enthält, und die Stempel oder Pistille, die weiblichen Befruchtungsorgane. Die letzteren nehmen stets die Mitte der Blüthe ein und bestehen aus dem Fruchtknoten, d. h. der die Samenknospen oder Ei'chen umschließenden Höhlung.

Die Verlängerung derselben heißt Griffel und der oberste Theil des Griffels wird Narbe genannt.

Außenkelch, Kelch und Blumenkrone bilden Decken zum Schutz der Befruchtungsorgane.

Die Befruchtung geschieht bald nach der Entfaltung der Blüthe und besteht darin, daß Blüthenstaub vom Staubbeutel auf die Narbe fällt. Nach stattgehabter Befruchtung beginnt die Periode des Reifens, in welcher Fruchtknoten und Samenknospe zur Frucht ausgebildet werden; ersterer wird zur Bildung der Fruchthülle verwendet, die Samenknospen dienen zur Erzeugung der Samen. Eine Blüthe, in welcher männliche und weibliche Befruchtungsorgane vorhanden sind, wird Zwitterblüthe genannt (Linden, Ahorn, Eschen, Ulmen); kommen männliche und weibliche Blüthen auf einem Individuum vor, wie z. B. bei den Nadelhözern, der Eiche, Rothbuche, Hainbuche, Birke, Erle, Haselnuß, so wird die Pflanze einhäusig oder monöcisch, kommen sie aber auf verschiedenen Individuen vor, zweihäusig oder diöcisch genannt (Wachholder, Eibe, die Weiden, Pappeln, Hopfen); bei ihnen ist es zur Befruchtung nöthig, daß in der Nähe eines Baumes mit weiblichen Blüthen auch ein solcher mit männlichen Blüthen sich befindet.

Aus welchen Stoffen besteht der Pflanzenkörper und welche dienen ihm zur Ernährung?

Wie alle anderen Pflanzen enthalten auch die Holzgewächse Wasser, organische und mineralische Stoffe.

Zu den organischen oder verbrennlichen Bestandtheilen gehören: die Holzfaser, das Stärkemehl, Gummi, Zucker, Harze, Oele, Farbstoffe, organische Säuren (Weinsteinsäure, Aepfelsäure, Citronensäure, Oxalsäure, Gerbsäure oder Gerbstoff), dann die stickstoffhaltigen Eiweißstoffe oder Proteïnstoffe u. s. w. (von prötos der wichtigste).

Die anorganischen oder mineralischen Bestandtheile bleiben nach der Verbrennung als Asche zurück und bestehen aus verschiedenen Salzen, in denen als Säuren: Kieselsäure, Phosphorsäure, Schwefelsäure und Chlor, als Basen: Kali, Natron, Kalk, Bittererde (oder Magnesia), Eisenoxyd vorkommen.

Zur Bildung der meisten organischen Pflanzenbestandtheile sind von den Grundstoffen: Kohlenstoff, Wasserstoff und Sauerstoff, zur Bildung der Eiweißstoffe noch Stickstoff und etwas Schwefel ausreichend.

Zur Produktion der organischen Bestandtheile, also zum Pflanzenwachsthum sind als Nährstoffe nothwendig: vor Allem Wasser, dann Kohlensäure, etwas Ammoniak oder salpetersaure Salze und von mineralischen Stoffen: Kali, Kalk, Magnesia oder Bittererde, etwas Eisen-, dann Phosphorsäure, etwas Schwefelsäure, ferner Kieselsäure und wenig Chlor.

Das Wasser, die ammoniak- und salpetersauren Salze, dann die mineralischen Nährstoffe beziehen die Pflanzen aus dem Boden durch die Wurzeln, nur die Kohlensäure nehmen sie zum größten Theil direkt aus der Luft durch die Blätter auf. Die Kohlensäure liefert den zur Bildung der organischen Stoffe nöthigen

Kohlenstoff, aus dem Wasser, das auch für sich den Haupt=
bestandtheil des Pflanzenkörpers bildet, beziehen die Pflanzen den
Wasserstoff und Sauerstoff, aus dem Ammoniak oder den
salpetersauren Salzen, die in sehr geringer Menge in den Nieder=
schlägen der Atmosphäre enthalten sind und bei der Verwesung
des Humus gebildet werden, den Stickstoff und aus schwefel=
sauren Salzen den Schwefel.

Die mineralischen Nährstoffe (Aschenbestandtheile) sind auch
bei der Bildung der organischen Stoffe betheiligt und zur Er=
zeugung derselben durchaus nothwendig. Aus diesen theils durch
die Wurzeln, theils durch die Blätter aufgenommenen unorganischen
Nährstoffen werden unter Mitwirkung des Lichts und der Wärme
nur in den grünen, chlorophyllführenden Blättern organische
Stoffe erzeugt, die von da aus in den Stamm, die Wurzeln,
Blüthen, Früchte ꝛc. wandern, um dort zur Ausbildung der ein=
zelnen Theile zu dienen.

So lange Produktion organischer Stoffe in den Blättern
stattfindet, wird Kohlensäure durch Einwirkung des Lichtes zersetzt,
und es geben daher die Blätter Sauerstoffgas an die Luft ab.
Ohne Blätter kann daher ein Baum nicht wachsen, und es tritt
Zuwachsverlust ein, sobald zu wenige Blätter oder auch allzu=
wenig Licht vorhanden ist, deshalb wird durch allzu gedrängten
Stand der Pflanzen und Bäume der Zuwachs vermindert, durch
Lichtung (Durchforstung) dagegen erhöht.

Zur Ernährung des thierischen Körpers und zwar behufs
des Kraftersatzes (Bildung des Fleisches und Blutes) dienen die
stickstoffhaltigen Eiweiß= oder Proteïn=Stoffe, als das Eiweiß in
allen thierischen und Pflanzensäften, in den Eiern, dann der
Käsestoff in der Milch und in den Hülsenfrüchten, der Faserstoff
im Fleisch und der Kleber in den Getreidearten; zur Erhaltung
der Blutwärme: die stickstofffreien aber kohlenstoffreichen Fette,
ferner das Stärkemehl als Hauptbestandtheil aller Getreidesorten
und der Zucker (die sog. Kohlenhydrate).

Außerdem bedarf der Körper noch täglich eine bestimmte
Quantität Wasser und Mineralsalze, die er durch die Nahrungs=
mittel, mit dem Wasser und durch das Kochsalz erhält.

Kurze Beschreibung der wichtigsten Holzarten.

a) Nadelhölzer. Blätter: nadelförmig, männliche und weibliche Blüthen (Kätzchen) auf einem Stamme; Frucht: ein holziger Zapfen.

Weißtanne, Pinus abies; Nadeln: linienförmig, breitgedrückt, an der Spitze ausgerandet, unten mit zwei weißen Streifen, oben glänzend dunkelgrün, stehen kammförmig; Blüthen: erscheinen im Mai; die männlichen in rothbraunen, die weiblichen in weißgrünlichen Kätzchen; Holz: weiß und feinfaserig; Rinde: aschgrau, glatt; Zapfen: aufrechtstehend. Samenkorn verkehrt kegelförmig, fast dreikantig und hellbraun.

Fichte, Pinus picea; Nadeln: linienförmig vierkantig und schmal, unregelmäßig aufsitzend; Blüthen im Mai; die männlichen durch ihre hellrothen Schuppen beerenähnlich, die weiblichen an den Spitzen der Zweige in dunkelrothen Kätzchen; Holz: röthlich-weißlich, langfaserig; Rinde: braun-roth, schuppig; Zapfen: hängend. Das Samenkorn läuft in eine dünne Spitze aus, mattbraun bis schwarz.

Kiefer, Pinus sylvestris; Nadeln: zu zwei aus einer silbergrauen Scheide; Blüthe: im Mai; die männlichen in aufrechten Kätzchen, die weiblichen in kleineren röthlichen Kätzchen; Holz: im Splint weiß, im Innern roth; Rinde: roth-braun, blätterig aufgerissen; mit 1 m tiefer Pfahlwurzel; Samenkorn: schwarz oder grau, kurz zugespitzt.

Die Schwarzkiefer, Pinus austriaca; unterscheidet sich von der gemeinen Kiefer durch stärkere und längere Nadeln; die Zirbelkiefer oder Arve, Pinus cembra, zeigt fünf, seltener drei Nadeln aus einer Scheide, die Weymuthskiefer, Pinus strobus, gleichfalls fünf, aber etwas schmälere und feinere Nadeln als die Arve. Die Frucht der letzteren eine wohlschmeckende Nuß.

Lärche, Pinus larix; Nadeln: hellgrün, büschelweis, oben und unten mit einem Strich, fallen im Winter ab; Blüthen: im Mai mit den Nadeln; Rinde: roth-braun; Holz: röthlich. Samenkorn fast dreikantig und hellbraun.

Eibe, **Taxus baccata**; Nadeln: kammförmig, immergrün; Holz: röthlich=braun; Rinde: roth=grau; Frucht: hartschaliges Nüßchen; Blüthen: getrennt auf verschiedenen Bäumen.

Krummholz= oder Berg=Kiefer, Legföhre, Latsche, **Pinus Mughus** (eine Kalkpflanze); Nadeln: sehr steif, kurz und glänzend grasgrün, zu zwei aus einer Scheide und sehr dicht an den Zweigen stehend; sie bildet kleine, theils aufrecht=, theils am Boden hinkriechende Stämme.

Filzkoppe, Moosföhre, **Pinus Pumilio**, Pflanze der Silikate und Hochmoore, meist niedergestreckten Wuchses, erhebt sich mit den Hochmooren auch auf Alphöhen und kommt daselbst auf Granit= und Gneißfelsen vor; sie unterscheidet sich von Mughus weder durch den Wuchs, noch durch sonstige Formenmerkmale, wohl aber durch wesentlich getrennte Lebensbedingungen.

b) Laubhölzer, und zwar männliche und weibliche Blüthen auf einem Stamme.

Eiche (Sommereiche, Stieleiche), **Quercus pedunculata**; häufiger als die Wintereiche; Blätter: buchtig, sehr kurz gestielt, Basis ohrenförmig gelappt; Blüthe: April, Mai, 14 Tage früher als die Wintereiche; Holz: fest, gelbroth, feines Gewebe, starke Spiegelfasern; Rinde: roth=braun, blätterig aufgerissen; bis 20 cm tiefe Pfahlwurzel. Eicheln auf 6—10 cm langen Stielen; Knospen stumpfkegelförmig.

Wintereiche (Traubeneiche), **Quercus robur**; Blätter: buchtig, auf 1 cm langen Stielen stehend, Basis keilförmig ver= laufend; Blüthen: im Mai; Rinde: grau, braun=grau; Holz: grobfaseriger als bei der vorigen, deshalb auch leichter spaltbar: Eicheln stiellos am Triebe; Knospen spitzkegelförmig mit einem deutlichen Schopf.

Buche (Rothbuche), **Fagus sylvatica**; Blätter: eiförmig, bald mehr, bald weniger gezähnt; Blüthen: im Mai als glocken= förmiger Kelch und Hülle; Frucht: eine Kapsel, mit meistens zwei dreiseitigen, glänzend braunen Eckern oder Nüßchen; am Blattstiel und in den Hauptadern mit Haaren; Holz: röthlich= weiß, hart und fest, mit starken Spiegelfasern; starke Herzwurzel; Knospen stehen schräg über der Blattstielnarbe.

Zahme Kastanie, Castanea vesca; Blüthe: Ende Juli in Kätzchen, am Grunde des Kätzchens 5 strahlige Hüllen; Frucht: Nuß, einzeln oder zu zwei in einer dicht stacheligen Kapsel; Blätter: groß, wechselweis, länglich, lanzettförmig, stachelspitzig, gezähnt; Holz: im Splint weißlich, im Kern gelbbraun und hart; Rinde: schwarzgrau und rissig; Knospen kurz, stumpf und roth, ähnlich wie die der Linde.

Birke, Betula alba; Blüthe: Anfangs Mai; in walzenförmigen Kätzchen; Blätter: wechselweis und eiförmig, länglich zugespitzt, doppelt gesägt; Holz: weiß und sehr zäh. Wir unterscheiden zwei einheimische Birken, die Ruch= und die Weißbirke; die Ruchbirke, Betula odorata, hat ein mehr geruudetes Blatt, als die Weißbirke; Rinde schöner weiß, als bei der letzteren; Frucht: eine einsamige Flügelfrucht; Knospen: klein und zugespitzt.

Erle (Schwarzerle), Alnus glutinosa; Blüthen: beiderseits in Kätzchen im März auf gemeinschaftlichem Stiele; Blätter: wechselweis, stumpf, rundlich, in der Jugend klebrig, am Rande ungleich gesägt, unten an den Nervenwinkeln mit braunen Haarbüscheln; Frucht: ein Zapfen, mit einsamigeu breitgedrückten gerippten Früchtchen; Holz: rothbraun, dicht; braungraue und rissige Rinde; Knospen: auf dicken, kurzen, holzigen Stielen, stumpf und dick verkehrt eiförmig.

Weißerle, Alnus incana; sie ist weniger verbreitet als die Schwarzerle und kommt hauptsächlich in tiefen Alpenthälern vor; Holz: etwas weißer, Blätter unten weißlich, behaart, flachgeruudete Basis, spitzig und doppelt gesägt; silbergraue und glatte Rinde. Die Erlen zeigen auf dem Querschnitt eines Zweiges eine dreistrahlige Figur; Knospen graufilzig.

Hornbaum (Weißbuche), Carpinus betulus; Frucht: eine einsamige, breit gerippte Nuß; Blüthen: beiderseits Kätzchen im Mai; Blätter: wechselweis, zugespitzt, doppelt gesägt; tiefe Herzwurzel; Holz: weiß, sehr hart, feinfaserig; Rinde: ähnlich wie bei der Rothbuche; Knospen stehen senkrecht über der Blattstielnarbe.

Pappeln (Aspe, Populus tremula; Schwarzpappel, Populus nigra, Weiß= oder Silberpappel, Populus alba, und Pyramidenpappel, Populus italica); Blüthen: im März und April, männliche und weibliche getrennt auf verschiedenen Stämmen, beide Kätzchen; Frucht: Kapsel; Holz: weiß, leicht, geradspaltig. Die Aspe hat sehr langgestielte rundliche, oben hell= unten weiß= grüne Blätter; die Silberpappel längliche, mehr oder weniger dreilappige, weiß glänzende, die Schwarz= und Pyramidenpappel dreieckige, lang zugespitzte Blätter. Die Schwarzpappel erkennt man leicht an der tiefgefurchten, hellgrauen Borke des Stammes; die Pyramidenpappel zeichnet sich auch durch steil iu die Höhe gerichtete Aeste aus; es giebt nur wenige weibliche Pyramiden= pappeln in Europa.

Weiden; Blüthen und Frucht, wie vorige; Blätter: läng= lich=ei= oder lanzettförmig. Rinde: grau=grün; Holz: weißlich oder röthlich geflammt. Kopfholzweiden: Salix alba, lanzett= förmige Blätter, oben dunkelgrün, unten silberweiß; Bruch= weide, Salix fragilis, Blätter beiderseits vollkommen glatt, Nebenblättchen halbherzförmig; Bandweiden: Dotter= oder gelbe Weide, Salix vittelina, mit gelber Zweigrinde; braune Weide, Salix Russeliana, mit dunkelbraun rothen Zweigen; Bachweide, Salix helix, Blätter beiderseits glatt, länglich, gegen die Mitte etwas breiter, oben hell=, unten graugrün; Korb= weide: Salix viminalis, lanzettlinienförmige Blätter, unten seidenartig und glänzend. Unter den Weiden kommt hauptsäch= lich nur die Sahlweide, Salix caprea, mit rundlichen, unten stark behaarten Blättern und gelben oder braunen glatten Knospen im Walde vor.

Platanen, Platanus acerifolia; männliche und weibliche Blüthen im Mai auf einem Stamm in Kätzchen; Frucht: stachel= spitzige, keulenförmige Kernkäpselchen, Blätter: fünflappig; Holz: mit sehr starken Spiegelfasern; Same reift im Herbst, fällt aber erst im kommenden Frühlinge ab. Stammrinde aschgrau, blättert sich alljährlich ab.

Feld=Ulme, Ulmus campestris; Zwitterblüthen im März und April, fast ungestielt; Blätter: wechselweis, eiförmig, scharf= doppelt gesägt, oben dunkelgrün, unten hellgrün, mit feinen Haar= büscheln iu den Nervenwinkeln; Holz: bräunlich und feinfaserig; Frucht: eine einsamige, einfächerige, unbehaarte Flügelfrucht;

Knospen: dunkelbraun, mit feinen Härchen; Rinde: aufgeriſſen, bräunlich; zuweilen kurze Pfahlwurzel. Flatterulme, Ulmus effusa, mit kleinerem Blatte, als die Feldulme; Knospen: geſcheckt-braun und kahl; Frucht: behaart; Blattbaſis ſehr ſchief. Die Feldulme hat ungeſtielte, die Flatterulme langgeſtielte Blüthen.

Ahorn, Acer pseudoplatanus; männliche und Zwitterblüthen im Mai auf einem Stamm; Blätter: gegenüberſtehend, fünflappig und herzförmig; Frucht: doppelte langlappige Flügelfrucht; Holz: ſchönweiß, feſt und feinfaſerig; Rinde: bräunlich, rauh und riſſig und löſt ſich in anſehnlichen Borkentafeln ab; häufig kurze Pfahlwurzel; Knospen vom Triebe abſtehend. Beim Spitzahorn, Acer platanoides, ſiebenlappig und die Lappen des Blattes langſpitzig; Knospen an den Trieb angedrückt; Rinde von feinen Furchen dicht durchzogen, löſt ſich kaum merkbar ab. Der Feldahorn oder Maßholder, Acer campestre, hat kleinere Blätter als der gemeine Ahorn, das Blatt dreilappig, Rinde korkartig.

Eſche, Fraxinus excelsior; ein Stamm oft Zwitterblüthen, ein anderer bloß männliche; Blüthe: im Mai; Frucht: einſamige, eiförmig längliche, blätterartige Flügelfrucht; Blätter: gegenüber, ungepaart geſiedert; Rinde: aſchfarbig, glatt; Holz: ſehr zäh, zuweilen geflammt, ſonſt weiß; Knospen mit ſchwarzem feinen Filz überzogen.

Linde; Zwitterblüthen im Juni; Frucht: Kapſel mit einem rippigen Nüßchen; Blätter: rundlich, am Grunde tiefherzförmig; Holz: leicht und weiß; Rinde: ſtark aufgeriſſen. — Großblätterige oder Sommerlinde, Tilia europaea; kleinblätterige oder Winterlinde, Tilia parvifolia. Knospen eirund, ſtumpf, roth auch grün.

Der Vogelbeerbaum oder die gemeine Ebereſche, Sorbus aucuparia, mit ſcharlachrothem Beerenſtrauß, die zahme Ebereſche, Sorbus domestica, mit apfel- oder birnförmigen Früchten, die allbekannte Wallnuß, Juglans nigra, und Akazie, Robinia pseudoacacia, haben, wie die Eſche, gefiederte Blätter, werden aber im Walde nicht oder doch nur ſelten gezogen; die Akazie eignet ſich beſonders gut zur Befeſtigung von Böſchungen.

An der Grenze zwischen Baum und Strauch stehen die Traubenkirsche oder der Elsbeerbaum, Prunus padus, mit Blättern wie der Kirschbaum, die Elsbeerbirne, Pyrus torminalis, mit spitzgelappten filzigen und langgestielten Blättern, und die Mehl= birne, Pyrus aria, mit kurzgestielten, eiförmigen und doppelt ge= zähnten, graufilzigen Blättern.

Kurze Beschreibung der hauptsächlichsten in den Waldungen vorkommenden Straucharten, Forstkräuter ꝛc.

Schwarz= oder Schlehdorn, Prunus spinosa, Weiß= oder Hagedorn, Crataegus oxyacantha; beide haben nur die Dornen gemein: der Schwarzdorn hat etwas kleinere, fast dieselben Blätter wie der Pflaumenbaum und schwarzbraune Rinde; der Weißdorn dagegen tiefeingeschnittene dreilappige Blätter und hellgraue Rinde; der Haselstrauch, Corylus avellana, hat ein rauhhaariges rundes Blatt mit schnell vorgezogener kurzer Spitze und doppelt gezähntem Rande; der Wachholder, Juniperus communis, hat stachlich be= nadelte Blätter; das Pfaffenhütchen, Evonymus europaeus, hat gegenständige, länglich=eiförmige Blätter mit purpurrothen Frucht= kapseln und vierkantigen grünen Zweigen mit bräunlicher Kork= rinde; der Hartriegel, Cornus sanguinea, hat eirunde Blätter mit nach der Blattspitze ziehenden Seitenrippen und eine rothe Zweigrinde im Winter, dann erbsengroße schwarze Früchte; der Faulbaum, Pulverholz, Wegdorn, Rhamnus frangula, hat eiförmige ganzrandige glatte, oben grasgrüne, unten mattgrüne Blätter, eine weißpunktirte Rinde und dornenlose Zweige; der Kreuzdorn, Rhamnus catharticus, hat geferbte Blätter, die Zweige in dornige Endspitzen ausgehend (hierher gehört auch der Färber= wegdorn mit lanzettförmigen Blättern, dann der Stechdorn mit eiförmigen, oben glänzenden Blättern und behaarten Zweigen, wie der Judendorn mit leicht gezähnten, glänzend grünen Blättern; letztere beide mit geraden Dornen); der Spierstrauch, Spiraea, hat wechselweise länglich verdünnte einfache oder ungepaart ge= fiederte Blätter und weiße Rispenblüthen; der Hollunder, Sam- bucus nigra, hat die Blätter gegenüber, oben glatt, unten mit

einigen Haaren, es sind solche von widerlichem Geruche, die
Zweige haben eine starke Markröhre; der gemeine Schneeballen,
Viburnum opulus, hat dreilappige unten weichbehaarte Blätter,
der wollige, Viburnum lantana, eiförmige grobgezähnte Blätter
mit weißlichen Haaren; die Berberitze, Berberis vulgaris, hat
eiförmige, am Rande borstig gefranzte Blätter, mit Stacheln an
den Zweigen; der Liguster, Ligustrum vulgare, eilanzettförmige,
lederartige lebhaft grüne und kurzgestielte Blätter; der Flieder,
Syringa vulgaris, hat die Blätter gegenüber, eirundherzförmig
und lang zugespitzt, dann röthliche Rispenblüthen; die Hecken=
kirsche, Lonicera xylosteum, hat eiförmige weiche unten helle
Blätter mit feinen Härchen bedeckt; die Heckenrose und die Hagen=
buttenrose, Rosa canina und Rosa villosa, haben 5 oder 7
länglich=eiförmige scharf sägezähnige Blätter; der Buchs, Buxus
semper virens, hat eiförmige, lederartige sehr kurzgestielte und
immergrüne oben glänzende Blätter; die Stechpalme, Ilex aquifolium,
immergrüne, scharfbuchtige, gezähnte oder ganzrandige Blätter mit
Dornen; das Geisblatt, Caprifolium, länglich=eiförmige Blätter
und windet sich an Bäumen 2c. 2c. empor, wie der Epheu,
Hedera helix, mit seinen drei= oder fünflappigen oder eiförmigen,
ledrigen, wintergrünen und glänzenden Blättern, und die Wald=
rebe, Clematis vitalba, mit eiförmigen, gegenüberstehenden und
eingeschnittenen Blättern; die gemeine Mispel, Mespilus germanica, hat kurzgestielte, eilanzettförmige, fingerlange, unten be=
haarte Blätter, dann Zweige mit kurzen Dornen; der Nachtschatten,
Solanum, herzförmige, lang zugespitzte Lappenblätter; die Brom=
beere, Rubus fruticosus, hat gefingerte Blätter, und vielbeerige
schwarze Früchte; die Himbeere, Rubus idaeus, ungepaart ge=
fiederte Blätter aus 3, 5 oder 7 eiförmigen und zugespitzten
Blättchen bestehend und sammetartige rothe Früchte; die Besen=
pfrieme, Spartium scoparium, hat einfache oder gedreite, hell=
grüne Blätter und hellgrüne, glatte und fünfkantige Zweige
und bohnenartige Samen; die Mistel, Viscum album, immer=
grüne lederartige Blätter, wächst als Schmarotzerpflanze auf den
Bäumen, namentlich der Weißtanne; die Kornelkirsche, Cornus
mascula, hat eiförmige, lang=zugespitzte, im Herbste theilweise

rothe Blätter und gurkenförmige rothe Früchte; der gemeine Pfeifenstrauch, Philadelphus coronarius, hat große dreinervige, stark zugespitzte, scharf gesägte Blätter und wohlriechende Blüthen; der Sandborn, Hippophäe rhamnoides, hat rosmarinähnliche Blätter, aufgerissene schuppige Rinde und vielverzweigte dornige Aeste; der Ginster, Genista germanica, dornig, hat lanzettliche behaarte Blätter; der Färberginster (tinctoria), ist dornenlos, dünnstengelig und kantig; die Tamariske, Tamarix germanica, häufig auf Kiesanschwemmungen, hat stumpflinienförmige, graugrüne Blättchen und zur Blüthezeit fingerlange Blüthenähren an der Spitze.

Zu den Straucharten, welche nicht mannshoch, gewöhnlich nicht viel über dem Boden erhaben sind, gehört: die gemeine Haide, Erica vulgaris, mit pfeil= oder nadelförmigen immergrünen kleinen glatten Blättern; die Heidelbeere, Vaccinium Myrtillus, mit eiförmigen, kurz zugespitzten, gezähnten Blättern und schwarzblauen Beeren; die Preißelbeere, Vaccinium vitis Idaea, mit länglichen, oben dunkelgrünen und glänzenden, unten mit mattgrünen und feinpunktirten Blättern und schönen rothen Beeren; die schwarze Rauschbeere, Empetrum nigrum, heideähnlich, mit linienförmigen, unten mit einem weißen Streif durchzogenen, dicken, stumpfen, immergrünen Blättern; der gemeine Seidelbast, Daphne mezereum, mit kurzgestielten, an den Enden der Zweige gehäuften länglichen glatten Blättern und das Sinngrün, Vinca, mit immergrünen, länglich=eiförmigen Blättern und blauen Blumen, dann mit auf dem Boden hinkriechenden Zweigen.

Unter die häufiger vorkommenden Forstkräuter und Gräser rechnet man:

Den schmalblätterigen Weiderich, Epilobium angustifolium, mit mannshohem Stengel, einer Weidenruthe gleich, an der Spitze mit einer Aehre, zur Blüthezeit mit purpurrothen Blumen; die Tollkirsche, Atropa Belladonna, mit hohem Stengel und wie schwarze Kirschen aussehenden Beeren; die Brennnessel, Urtica urens, mit kriechenden Wurzeln und mit Brennborsten überzogenem Stengel; der Fingerhut, Digitalis purpurea, mit langen feinfilzigem Stengel und schöner rother Blume; der Waldmeister,

Asperula odorata, mit lanzettförmigen zu acht um den Stengel stehenden Blättern; der Baldrian, Valeriana officinalis, mit kerzengeraden mannshohem Stengel und mit Dolden röthlich = weißer, wohlriechender Blumen; die heilkräftige Arnika, Arnica montana, mit hohem, reich behaartem Stengel, und ca. 16 goldgelben Strahlenblümchen; die Waldsimse, Juncus sylvaticus, mit knotigen, pfriemenförmigen Blättern; die Sumpfbinse, Scirpus palustris, mit langem rundlichen Halm; das Waldriedgras, Carex sylvatica, mit dreieckigem Halm, und wie die rauhen Blätter freudig grün; die Waldbinse, Scirpus sylvaticus, mit dreiseitigem und blätterigem Halm, an feuchten Stellen; endlich das Waldhaar (Seegras), Carex brizoides, mit scharfen, gestreiften und lang zugespitzten Blättern.

Ihnen schließen sich an:

Die Farrenkräuter mit Wedeln statt Blättern, die Moose und zahllose Flechten und finden sich in den Waldungen am häufigsten: der Wurmfarrn und der mannshohe Adlerfarrn, dann in den Rissen der Felswände der Haarfarrn; von den Moosen sind die meisten Arten der Gattung Astmoos, Hypnum, den Wäldern nützlich, weil sie den Boden frisch erhalten, während die Wiederthonarten (Polytrichum) den Boden dicht überziehen und schädlich sind. Unter den Torfmoosen sind die torfbildenden Sphagnumarten die wichtigsten. Von den Flechten sind am häufigsten: die graugelbe korallenähnliche Rennthierflechte (Hunger= moos), das isländische Moos mit unregelmäßig zerschlitztem, gräulich grünem, buntfleckigem Körper; die weißgrauliche Färberflechte, die aschgraue Felsenschildflechte, die scharlachrothe Säulchenflechte und die kleine Korallenflechte mit pilzähnlichen, rosenrothen Keim= körnern.

(Kenntniß der Samensorten, dann nähere sonstige Erläute= rungen sind mit Zuhilfenahme einer Samen= und Holzsammlung und eines kleinen Herbariums zu geben.)

Thierreich. Zoologie theilt sich in theoretische und ange= wandte. Erstere in Terminologie, Systematik und Anatomie. Als Unterabtheilung der angewandten oder praktischen Zoologie wichtig für den Forstmann: die Forstinsektenkunde; für den Jäger:

die Zoologie der Jagdthiere. (Forstinsektenkunde vide Kapitel Forstschutz.)

Eintheilung der Jagdthiere und ihre Nahrung.

Von den Jagdthieren gehören unter die wiederkauenden Säugethiere mit gespaltenen Klauen und zwei Hufen die ganze Familie der Hirschthiere (Edelhirsch, Damhirsch, Elenthier, Rehe) und die Familie der Hohlhörner (Gemse, Antilope, Steinbock). — Unter die nicht wiederkauenden mit mehreren mit Hufen bekleideten Zehen die Familie der Borstenthiere (die Wildschweine).

Die Hirschthiere und das Rothwild nährt sich von allerlei Gras=, Getreide= und Gemüsearten, Schwämmen, Blättern, Knospen und Früchten, auch Rinde. Gemse und Steinbock lieben zarte Alpenkräuter, Blätter und Triebe von Laubholzarten, im Winter nähren sie sich von dürrem Grase, vom Moose und von Flechten. Die Nahrung der Wildschweine besteht in Kräutern und Wurzeln, Würmern, Schnecken, wildem Obste, Eicheln, Bucheln, Kastanien, Kartoffeln und Rüben, auch Mäusen und Insektenlarven.

Unter die Säugethiere mit scharfspitzigem Gebiß, Zehen und Nägeln: die Krallenthiere und zwar als fleischfressende Raubthiere: die Sohlengänger (Bär, Marder, Dachs, Otter, Iltis, Wiesel); dann die beim Gange die Erde nur mit den Zehen berührenden fleischfressenden Raubthiere (Hund, Wolf, Fuchs, Wildkatze, Luchs). — Der Bär nährt sich von Baumfrüchten, Wurzeln, Kräutern und allen Thieren, die er erhaschen kann. Marder, Iltiß, Wiesel rauben kleines und großes Geflügel, junge Hasen, Eier, vertilgen auch viele Mäuse. Otter nährt sich von Fischen, Krebsen, Fröschen; der Dachs von Wurzeln, Rüben, Obst, Eicheln, Waldbeeren, aber auch von Insekten, Regenwürmern, Maikäfern, jungen Vögeln. Der Wolf raubt große und kleine vierfüßige Thiere und Vögel, besonders gern Schafe und Ziegen; der Fuchs junge Wild= und Rehkälber, Hasen, Geflügel, auch Mäuse, Fische 2c., der Luchs alles Haar= und Federwild; die Wildkatze junge Rehe, Hasen, Mäuse, wildes und zahmes Geflügel.

Zu den Nagethieren gehören: Hase, Kaninchen, Eichhorn, Biber, Murmelthier. — Die Aesung des Hasen und Kaninchens besteht in Feld- und Gartenfrüchten, Kräutern und Grasarten, im Winter auch in Knospen und der Rinde der Laubhölzer; die Nahrung des Bibers in Rinde und weichen Holzarten; des Eichhorns in allerlei Holzsamen, dann Trieb- und Blüthenknospen; des Murmelthieres in Alpenkräutern und Gras.

Die Vögel überhaupt werden eingetheilt in Zug-, Strich- und Stand-Vögel und nach dem Bau ihrer Füße, der Bekleidung des Laufes, der Zahl der Schwung- und Steuerfedern und der Bildung des Schnabels in Sing- und Schreivögel, Kletter- und Raubvögel, Tauben, Hühner, Kurzflügler, Sumpf- und Schwimmvögel. —

Standvögel sind solche, welche die ganze Zeit bleiben, wo sie geboren werden; die Strichvögel bleiben, so lange sie Nahrung finden, geht dieselbe aus, so entfernen sie sich auf einige Zeit; die Zugvögel verlassen alljährlich im Herbst ihren Geburtsort, ziehen südlich in weit entfernte Länder und kehren im Frühling in die Heimath zurück.

Unter den Sing- und Klettervögeln sind viele, die den Waldungen durch Vertilgung von Insekten, Insekteneiern nützlich sind; insbesondere die Meisen, die Kukuke, Schwalben, Staare, Finken, Spechte, welche aber auch massenhaft Kiefernzapfen zerstören, während andere, wie die Wald- und Misteldrossel oder der Schnerrer, der Krammetsvogel oder die Wachholderdrossel die Verbreitung beerentragender Holzarten, namentlich der Eberesche, des Faulbaumes ꝛc., oder wie die Holzheher der Eichen befördern.

Die meisten nützlichen Vögel sind Höhlenbrüter, die zur Fortpflanzung unbedingt Baumhöhlen bedürfen, welche zum Theil von den Spechten vermittelt werden.

Die Raubvögel, theils Strich-, theils Standvögel, in nördlichen Gegenden alle aber Zugvögel, scheiden sich in Tag- und Nachtraubvögel; zu ersteren gehören: die Bussarde, Weihen, Milane, Falken, Adler, Habicht, Sperber; zu den letzteren die Eule; sie sind meist der Jagd schädlich, einzelne aber auch der Landwirthschaft nützlich, wie Bussarde und Eulen. — Die Raubvögel leben von Amphibien, Vögeln, jungen Hasen, der Milan, die Bussarde und Eulen auch von Mäusen, Regenwürmern, Schnecken und Schlangen.

Zu den Tauben gehören: die Ringeltaube und die Holz=
taube, beide sind Zugvögel, ihre Nahrung besteht in Nadelholz=
samen, Waldbeeren, Bucheln und Feldfrüchten.

Zu den hühnerartigen Vögeln, Standvögel, welche sich
von Holzknospen, Sämereien, Waldbeeren, Körnern, Ameisenlarven
und Würmern nähren, gehören die Auerhühner, Birkhühner,
Haselhühner, Schneehühner, Rebhühner, Fasanen und Wachteln,
letztere Zugvögel.

Zu den Kurzflüglern oder Laufvögeln: der Strauß und die
Kasuare.

Zu den Sumpfvögeln, meistens **Zugvögel,** welche sumpfige
Gegenden bewohnen, und von Körnern, Kräutern und Insekten
leben, gehören die Trappen, Kraniche, Schnepfen, Wasserhühner
und Kibitze.

Zu den Wasser= oder Schwimmvögeln, **theils Zug=, theils
Strichvögel, selten Standvögel,** welche auf dem Wasser leben, und
sich von Insekten, Krustenthieren, Fischen oder auch Vegetabilien
nähren, gehören die Möven, Enten, Taucher, Gänse, Schwäne.

Zu den Hilfs= oder Grundwissenschaften ist ferner noch zu
rechnen: Nationalökonomie, Finanzwissenschaft, Verfassungs=,
Staats= und Verwaltungsrecht, Polizeiwissenschaft, Baukunde,
dann Zeichnen. Nur letzteres wird von den Forsteleven gefordert
(prakt. Uebung).

B. Hauptwissenschaften.

Ursprünglich im sog. Femelbetriebe wurden aus dem ganzen
Walde die Bäume beliebig oder nach Bedürfniß genützt, wodurch
jedoch der Wiederwuchs vielfach beschädigt, der Nutzholzertrag ge=
schmälert und namentlich die Wirthschaftsführung und Kontrole
erschwert wurde. Man ging deshalb auf die schlagweise Be=
nützung der Waldungen über, wobei nur ein kleinerer Theil
des Waldes genützt und in Verjüngung genommen wurde und
bestimmte Flächen abgeholzt wurden und bezeichnete diese Be=
wirthschaftung mit „Schlagwirthschaft" im Gegenhalte zur
„Plänter= oder Femelwirthschaft". Bei der Schlagwirthschaft

wird der zu nützende Bestand entweder auf einmal oder nach und nach abgetrieben, hiernach unterscheidet man wieder den Kahlschlagbetrieb und den allmähligen oder auch Femel-Schlagbetrieb.

Der Wiederwuchs erfolgt entweder durch Samen oder durch Stock- und Wurzelausschläge. Erfolgt solcher durch Samen allein, so wird die bezügliche Wirthschaft „Hochwaldwirthschaft", „Hochwaldbetrieb", erfolgt er durch Samen und Stock- oder Wurzelausschläge, so „Mittelwaldwirthschaft", „Mittelwaldbetrieb", und erfolgt derselbe nur aus Stock- oder Wurzelausschlägen, „Niederwaldwirthschaft", „Niederwaldbetrieb" genannt.

Der Hochwaldbetrieb mit lang erhaltenem Bestandsschlusse ist am geeignetsten, den Waldboden zu verbessern; ihm folgt der Mittel-, dann der Niederwaldbetrieb, bei welchem der Boden öfter und in kurzen Zwischenräumen bloßgelegt wird, daher auch bei ihm leichter eine Bodenverschlechterung herbeigeführt wird, als durch irgend eine andere forstliche Betriebsweise.

Die Lehren der Forstwissenschaft zerfallen in:

  I. Waldbau.
  II. Forstschutz.
  III. Forstbenutzung.
  IV. Forsteinrichtung.
  V. Waldwerthberechnung.
  VI. Forstverfassung (Direktion mit Kontrole, Forstverwaltung, Forstrechnungswesen, Forstpolizei, Forstgesetzgebung, Jagdverwaltung).

I. Waldbau.

Die Waldbaulehre beschäftigt sich:

  1) mit dem Anbau und der Erziehung,
  2) mit der Ernte des Holzes.

1. Holzanbau.

Sucht man den Wiederwuchs des Holzes von selbst auf natürlichem Wege durch den abfallenden Samen oder durch Stock-

oder Wurzel=Ausschläge zu erlangen, so wird „Holzzucht" getrieben; wird derselbe künstlich mittelst Saat oder Pflanzung erzielt, so „Holzanbau".

Die Holzzucht ist dem Holzanbau vorzuziehen in rauhem Klima und hohen Lagen und bei Holzarten, die in der Jugend Schatten bedürfen; dagegen hat der Holzanbau einzutreten bei Holzarten, die leicht vom Winde geworfen werden, bei Umwand=lung eines Bestandes oder einer Holzart in eine andere, bei län=gerem Ausbleiben von Samenjahren, oder wenn die natürliche Verjüngung mißlungen ist.

Anbauungswürdigste Holzarten sind solche, die gedrängten Standort ertragen und in solchem zu vollkommenen Bäumen er=wachsen.

Hiezu gehören vor Allem die Eiche, Buche, Fichte, Weiß=tanne, Föhre, Lärche.

Bei Auswahl der anzubauenden Holzart ist neben der Nutz=barkeit hauptsächlich der jeder taugliche Standort (Boden, Klima, Lage) zu berücksichtigen. Nur unter der Voraussetzung, daß der Waldboden geschont wird, können der Forstkultur die geringeren Bodenklassen zugewiesen werden.

Mildes Klima und nicht allzuhohe Lage (bis 2000 Par. Fuß) verlangen, resp. Bäume der Niederungen sind: die eßbare Ka=stanie, die Sommereiche, die Buche, Esche und Ulme, der Spitz=ahorn, Linden, Kiefern (Weymuthskiefer), Pappeln, Birken, die Weißtanne und Weißerle.

Holzarten, welche in den Niederungen und Mittelgebirgen (bis 3000 Par. Fuß) und bei gemäßigtem Klima noch gut ge=deihen, sind: Fichte, Kiefer, Buche, Hornbaum, Wintereiche, Linde, Birke, Lärche, Esche und Ulme, Erle, namentlich Schwarzerle.

Bis zu 5000 Par. Fuß kommen vor: der Ahorn, ins=besondere der Bergahorn, die Fichte (der eigentliche Baum des Gebirgswaldes), Buche, Eberesche, Weißerle, Lärche, Birke und Schwarzpappel.

Ueber 5000 Par. Fuß, bis zu 6300 Par. Fuß Meereshöhe: Lärche, Krummholzkiefer, Zirbelkiefer, Alpenerle, Zwergbirke.

Von 6300—8500 Par. Fuß erscheinen noch viele Alpen=
gewächse, darüber hinaus nur mehr Moose und Flechten. Alle
Alpenpflanzen verlangen eine gleichmäßige Feuchtigkeit der Luft.

Durch die meteorologischen Beobachtungen ist noch die mittlere
Jahrestemperatur, ferner die zum Gedeihen und dem Wachsthum
nöthige Wassermenge festzustellen, welche die einzelnen Holzarten
verlangen. Zu den Holzarten größten durchschnittlichen Wärme=
bedarfs dürfte Edelkastanie, Stieleiche, Ulme und Schwarzkiefer
gehören, weniger Anspruch machen Tanne, Buche, Weymuths=
kiefer, Traubeneiche und Kiefer, noch weniger: Birke, Ahorn,
Eschen, Erlen, Fichten, den geringsten: Lärche, Zirbel, Legföhre.
Die Buche insbesondere scheint 7—8 Monate lang Wärme über
0° zu verlangen.

Bezüglich des Bodens ist zu bemerken, daß die Eichen vor=
züglich einen frischen, lockeren und tiefgründigen Lehm= oder frucht=
baren sandigen Lehmboden fordern. (Tiefgründigen Boden be=
dürfen alle Holzarten mit starker Pfahl= und Herzwurzel, daher
Eiche, Ulme, Kiefer, Tanne, Ahorn, Esche, Lärche.) Die Buche
bedarf lockeren Basalt=, Kalk= oder tiefgründigen lehmigen Sand=
boden. Die Birke (höchst genügsam) erfordert fruchtbaren Sand=
und angeschwemmten Boden. Erle liebt aufgeschwemmtes Land
bei vieler Feuchtigkeit, insbesondere kalkhaltigen Lehmboden (nur
keinen Sumpf), Kiefer tiefgründigen, lockeren Sandboden mit
Untergrundbefeuchtung. Fichte ist im Allgemeinen genügsam, nur
gedeiht sie nicht auf heißem, mageren Sand= und festem Letten=
boden, sondern fordert feuchte Luft und frischen Boden. Weiß=
tanne liebt, gleich der Buche, tiefgründigen, thonhaltigen Boden.
Ahorn, Eschen und Rüster tiefgründigen, lockeren, frischen, humus=
reichen, sandigen Lehm oder Lehmboden. Unter diesen fordert
die Esche am meisten Feuchtigkeit. Linden gedeihen fast auf jedem
Boden, am liebsten auf fruchtbarem Sandboden. Weißbuche hat
am liebsten lockeren, fruchtbaren Sandboden, verträgt durchaus nicht
naß. Die Lärche verlangt mineralisch kräftigen und tiefgründigen
Boden bei kurzem Frühling, dann aber gleichförmigen und mäßig
warmen Sommer, die Güte des Holzes hängt ab von ihrem
Standorte. Lärchenholz auf zusagendem Standorte in höheren

Lagen und bedeutenden Elevationen erzogen ist dunkelbraunroth und von außerordentlicher Festigkeit und Dauer, während das in der Ebene erwachsene hellbraungelblich und von geringer Güte ist. Durch Erziehung im Freien, nicht allzu geschlossenen Beständen, in sonnigen, luftigen Lagen dürfte das Holz auch in den Niederungen an Güte gewinnen. Besonders gut gedeiht sie im Kalk- und Thonschiefergebirge.

Die Edelkastanie, eine Südpflanze, verlangt tiefgründigen lockeren Boden; die Weiden, Niederungspflanzen, fruchtbaren humosen Boden und große Bodenfeuchtigkeit, nur die Saalweide ist hierin genügsamer.

Der Anbau und resp. die Vermehrung geschieht durch Saat, Pflanzung, Stecklinge und Ableger (auch Pfropfen und Okuliren).

Zum Holzanbaue sind und zwar behufs der Bodenbearbeitung, des Aushebens und Setzens der Pflanzen, zum Löchermachen, zum Beschneiden der Pflanzen verschiedene Kulturwerkzeuge nöthig. (Stechschaufeln, Hohleisen, Spiralbohrer, dreikantige Eisen, Buttlarische Eisen, Setzhölzer, Hauen, Baumscheere, Gartenmesser, Rechen, Eggen, Rinnenzieher 2c. — Mündliche Erläuterung.)

Saat.

Für die Saat ist vor Allem wichtig der hiezu zu verwendende Same. Derselbe soll frisch und groß sein, um kräftige Pflänzchen zu erhalten, namentlich gilt dies für die Eicheln. Solcher wird entweder selbst gesammelt oder aus Samenhandlungen bezogen und ist bis zur Aussaat sorgfältigst aufzubewahren. Das sicherste Kennzeichen der Reife des Samens ist bei unseren Waldbäumen in der Regel das Abfallen desselben, wenn auch solcher, wie z. B. der Feldrüstersame, öfters unreif abfällt.

Das Zeichen der Reife, insbesondere der Eicheln, ist außerdem noch die schöne nußbraune Farbe; bei den Nadelhölzern die dunkle marmorirte Färbung der Fruchthülle; die Eicheln sammelt man beim Abfall im Herbst und sie, wie insbesondere auch noch der Weißtannensame, werden am besten alsbald auch ausgesäet, da die Aufbewahrung immer mit Schwierigkeiten verknüpft ist.

Die Samen der meisten deutschen Waldbäume reifen von Monat August bis Anfangs Dezember, mit Ausnahme jener der Ulmen, Aspen, Pappeln und Weiden, die schon im Mai reifen. Unvollständig gereifte Samen gehen ihrer Keimkraft verlustig.

Der Föhrensame reift im Oktober des zweiten Jahres; Linden-, Eschen- und Hainbuchensame geht im zweiten Jahre auf, die übrigen nach 2—6 Wochen.

Vor Aufbewahrung aller Samen ist gehörige Abtrocknung derselben erste Bedingung. Den nöthigen Grad der Trockenheit erreicht man durch gehöriges Ablüften in einem trockenen und kühlen Lokale.

Bucheln verhalten sich ähnlich wie Eicheln. Bei den Nadel-hölzern werden die Zapfen gesammelt, an trockenen Orten auf-bewahrt und wird entweder an der Sonnenhitze oder durch künst-liche Feuerung der Same ausgeklengelt. Der Tannensame bedarf keiner Klengelung, da der Zapfen nach der Reife von selbst zerfällt. Die Lerchenzapfen werden durch mechanische Vorrichtung zerrieben.

Sammeln und Aufbewahren der verschiedenen Holzsamen.

Eicheln und Bucheln sammelt man im Oktober, besser durch Auflesen, als durch Abklopfen. An trockenen Plätzen, wo sie gegen Mäuse gesichert und vor dem Erfrieren geschützt sind, schüttet man sie den Winter über 10—12 cm hoch auf und über-deckt sie handhoch mit Laub. Das Versenken der Eicheln ins Wasser ist mehr für solche zur Fütterung empfehlenswerth. Länger als bis zum nächsten Frühjahr lassen sich weder Eicheln noch Bucheln konserviren. Bucheln mengt man behufs ihrer Auf-bewahrung mit Sand oder wie die Eicheln mit Laub. Es ist zu beachten, daß sie ja nicht zu stark austrocknen und stockig werden. Eicheln, Bucheln, Eschen- und Hainbuchensamen werden auch in Holzasche aufbewahrt, indem man abwechslungsweise in einer Höhe von 5 cm Asche und Samenschichten in ein 1,5 m hohes und 0,8 m weites Faß bringt.

Der Ahornsame wird gleichfalls im Oktober gesammelt, am leichtesten durch Abklopfen auf untergehaltene Tücher oder durch Abpflücken. Man bewahrt ihn in freihängenden Säcken auf.

Der Eschensame wird wie der vorige im Oktober gepflückt oder es werden die Samenbüschel mittels einer Scheere gewonnen. Da er erst im 2. Jahre aufgeht, bewahrt man ihn in 30 cm tiefen Gräben auf, in denen man ihn 10—12 cm hoch aufschüttet und mit Laub und Erde bedeckt. Sobald sich sodann ein Keim zeigt, wird er gleich ausgesäet.

Der Ulmensame wird im Mai und Juni durch Abstreifen gesammelt, er erhitzt sich sehr leicht, daher er alsbald auszusäen ist.

Der Hainbuchensame wird Ende Oktober oder im November durch Abklopfen auf Tücher gesammelt; da er wie der Eschensame erst im 2. Frühjahre aufgeht, bewahrt man ihn wie den Eschensamen auf.

Der Birkensame wird vom August bis Oktober durch Abstreifen der bräunlichen Zapfen gesammelt, ist dann aufzuschütten und oft zu wenden und wird in Säcken aufgehängt.

Der Erlensame wird im November reif. Die gepflückten Zäpfchen öffnen sich leicht und lassen sich ohne Gefahr auf trockenem Boden aufbewahren.

Die gegen Ende Oktober des 2. Jahres zur Reife kommenden Zapfen der Kiefer sammelt man von December bis März durch Pflücken, und wird der ausgeklengelte Samen am besten mit Flügeln aufbewahrt.

Die Fichtenzapfen pflückt man vom November bis März; Aufbewahrung wie voriger.

Die Tannenzapfen pflückt man von Ende September bis Anfangs Oktober. Der Same bedarf der Lüftung und öfterer Umwendung, da er sich leicht erhitzt.

Der Lärchensame reift zwar schon im Oktober, doch pflückt man die Zapfen erst im Frühjahr, weil er sich dann leichter ausklengeln läßt.

Was die Keimfähigkeit anbelangt, so bleiben im Allgemeinen diejenigen Samen, welche keine flüssigen, den chemischen Zersetzungen am leichtesten zugänglichen Stoffe enthalten, am längsten keimfähig. Darum ist es auch so schwer, ölhaltige Samen längere Zeit keimfähig z erhalten, z. B. Weißtannensamen.

Die Keimfähigkeit des Samens wird geprüft durch die Schnitt-, Lappen-, Scherben-, Wasser- und Feuerprobe. Bei 75° keimfähigen Körnern kann im Allgemeinen der Same als sehr gut, bei 50% als gut, zwischen 50 und 25% als mittelmäßig, unter 25% als schlecht bezeichnet werden. Birken-, Ulmen- und Lärchensamen ist jedoch schon für gut anzusprechen, wenn er 30—40% keimfähige Körner hat.

Die Keimung des Samens, insbesondere des Nadelholzsamens, wird befördert durch mehrtägiges Einquellen desselben in Wasser, noch besser Jauche.

Bedingungen des Keimens sind:

Luft, Wärme und Bodenfeuchtigkeit; unter + 4° R. entwickeln sich die Samen nicht, ebensowenig, wenn der Same zu tief in die Erde kommt und die Luft keinen Zutritt hat. Diese Bedingungen zusammen rufen im Samen chemische und physikalische Veränderungen hervor; es werden die in den Samenlappen aufgespeicherten Nahrungsstoffe, namentlich der Eiweißstoff, durch Wasser erweicht und gelöst, in den Keim (Federchen und Würzelchen) übergeführt und zur Neubildung von Zellen, d. h. zum Wachsthum verwendet. Vom Samen geht in die erwachsende Pflanze über das Federchen, aus dem der Stamm, und das Würzelchen, aus dem die Wurzel sich bildet.

Das weitere Wachsthum der Pflanze ist vom Beginn der Saftbewegung im Baume abhängig, und letztere von dem Temperaturgrad des Bodens und der Luft.

Durch Endosmose (Diffusion) steigt der Frühjahrssaft im Holzkörper vom Boden bis in die Blätter, bereichert sich noch durch die in den Zellen des Holzkörpers aus dem Vorjahre aufgespeicherten Stoffe (Stärkemehl), wird in den Blättern geläutert und bildungsfähig gemacht und dann im Rindengewebe und resp. in den langen Bastzellen zwischen Rinde und Holzkörper wieder abwärts geleitet, wobei sich das Cambium oder Bildungsgewebe (der neue Jahresring) bildet.

Um dem Samenkorn eine taugliche Lage zu verschaffen, dann um den Boden selbst zu verbessern, ist vor der Saat eine mehr oder weniger gründliche Bodenbearbeitung nöthig; dieselbe geschieht am gewöhnlichsten durch Kurzhacken, Streifen-, Rinnen-, Plätze-hacken, durch Pflug und Egge. (Mündliche Erläuterung.)

Man unterscheidet Vollsaat, Streifensaat, Rinnensaat, Plätze- und Stecksaat, letztere besonders bei Eicheln anwendbar.

Bei der Vollsaat wird der Same gleichmäßig über die ganze Fläche ausgebreitet, sie wird angewandt, wenn der Boden keine große Bearbeitung bedarf, sondern wenn es genügt, denselben mit eisernen Rechen oder der Egge wund zu machen; aus den Voll-saaten erhält man viele zum Versetzen taugliche Pflanzen.

Bei der Streifensaat werden auf der Kulturfläche circa 1 m breite und mehr oder weniger von einander entfernte Streifen bearbeitet und angesät, sie wird bei Böden angewandt, die zu Unkraut oder starkem Graswuchs geneigt sind; bei der Rinnen-saat werden nur schmale Furchen und Rinnen gezogen und an-gesät. Bei abhängigem Boden sind Streifen und Rinnen stets horizontal zu ziehen; bei der Plätzesaat werden größere oder kleinere Platten bearbeitet und angesät, bei der Stecksaat werden die Samen (Eicheln und Bucheln) einzeln oder einige zusammen in kleine Löcher gesteckt.

Die Vollsaat erfordert die größte, die Stecksaat die geringste Samenmenge. Für Vollsaat rechnet man an Samen (beim Nadel-holz ohne Flügel) und zwar für Eicheln pro Hektar 11—12 hl, für Ahorn, Eschen 60 kg, Erlen, Birken 15 kg, Fichten, Kiefern 12—18 kg, Lärchen 22—27 kg, Weißtannen 60 kg. Zur Streifen- oder Plätzesaat ist der Bedarf in der Regel um $\frac{1}{3}$, zur Rinnensaat $\frac{1}{2}$, zur Stecksaat $\frac{1}{4}$ geringer als bei der Vollsaat.

Bei der Saat selbst ist zu beobachten, daß der Same gleich-mäßig über die zur Ansaat bestimmte Fläche vertheilt werde und die gehörige Deckung und den nöthigen Schutz erhalte. Je stärker das Samenkorn, desto stärker die Bedeckung.

Birken- und Erlensamen soll kaum bedeckt werden, höchstens circa 5 mm, Ulmen, Lärchen, Kiefern, Fichten circa 10 mm, Weißtannen stärker, Eschen, Ahorn, Bucheln circa 1 cm, Eicheln circa 2 cm.

Die beste Zeit zur Aussaat ist die, wenn der Same reif vom Baume fällt, doch erleiden häufig die Herbstsaaten bis zur

Keimung Abgang durch samenfressende Thiere und leiden die zeitig im Frühjahre erscheinenden Pflänzchen durch Spätfröste, daher meist erst im Frühjahr gesät wird. Nur Eicheln, Bucheln, Weißtannensamen sät man im Herbst, da diese Samen leicht verderben, den Ulmensamen unmittelbar nach der Samenreife im Juni, den Erlensamen im November und Dezember auf schneebedecktem Boden.

Die Saaten werden entweder rein mit ein und derselben Holzart oder vermengt ausgeführt, und es haben die vermengten Saaten den Zweck, entweder verschiedene Holzarten zu erziehen, oder eine Holzart durch die andere zu schützen oder Erhaltung einer baldigen Zwischennutzung, Vermeidung von Insekten- und Windbeschädigungen. Werden Samen, welche ungleiche Bedeckung verlangen, in Mischung gesät, so sät man die schwerere Samenart zuerst und die andere obenauf.

Pflanzung.

Selbige ist der Saat vorzuziehen: bei Mangel an Samen, bei nöthiger Ausbesserung von Junghölzern, bei sterilem oder mit Forstunkräutern überzogenem Boden, bei tiefen Frostlagen, zur Erziehung seltener Holzarten. Es leiden ferner gepflanzte Bestände weniger vom Schneedrucke, als gesäete, und gewährt die Pflanzung einen Vorsprung vor der Saat, daher auch die Pflanzung nunmehr die Regel, die Saat die Ausnahme bei dem Holzanbau bildet. Die aus Pflanzung hervorgehenden Bestände sollen größere Materialerträge nachweisen, als die aus Saat hervorgegangenen, wogegen letztere zäheres und überhaupt besseres Holz erzeugen dürften. Durch frühzeitige Durchforstung ꝛc. kann aber auch der Wuchs der aus Saaten entstandenen Bestände sehr befördert werden.

Die nöthigen Pflänzlinge werden erlangt: entweder aus Schlägen, oder aus Freisaaten, wo die Pflanzen dann mit Ballen ausgehoben werden, oder durch besondere Erziehung in Pflanzgärten oder Saatkämpen. (Letztere werden nur vorübergehend benutzt.)

Ueber Saatkämpe.

Besser ist es, kleine Saatkämpe und desto mehr anzulegen. Zu einem Saatkamp ist eine ebene und namentlich gegen Süden geschützte Lage zu wählen, am besten eignet sich hierzu ein sandiger, humusreicher Lehmboden, womöglich mit Wasser in der Nähe.

Sowohl bei der Anlage von Pflanzgärten als Saatkämpen muß der Boden vor der Saat 30—50 Centimeter tief umgegraben und das Rajolen öfters wiederholt werden; nöthigenfalls ist der Boden mit Komposterde, Rasen- und Holzasche, Kalkschlamm, Mergel, Torfmulle zu mischen, und dann erst dürfen die Beete meist in 1 m Breite oder auch in Gewannen angelegt werden. Komposterde wird mit Walderde und mit Laub, Moos, Gras gebildelt; nach 2 Jahren sind die Pflanzentheile vermodert und kann die Erde verwendet werden. Bei der Verwendung von Rasenasche wird dieselbe entweder auf den Samen gestreut oder vor der Saat mit der Erde vermengt; ebenso Kalkschlamm (Straßenkoth) und lösliche Kalksalze, welch' letztere ganz besonders günstige Wirkung auf die Ausbildung der Wurzeln äußern. Die Pflangärten werden mit einem Zaune, die Saatkämpe mit Stangen oder Gräben umfriedigt. Die Hauptpflege besteht sodann: im Reinhalten von Unkraut und in der Lockerung des Bodens. Zum Zweck der Erziehung von stufigen Pflänzchen muß zeitige Ausläuterung unter den Pflänzchen stattfinden, wenn solche nicht verschult werden. Die Verschulung findet meist mit 2—3jährigen Pflänzchen statt, die Pflänzchen selbst werden hierbei in Reihen, welche 20—40 cm von einander entfernt sind, gesetzt, und es sollen dieselben in der Reihe selbst und zwar die Nadelholzpflänzchen 7—10 cm, die Laubholzpflänzchen 15—30 cm von einander stehen. Am üblichsten ist es, beim Einsetzen der Pflänzchen eine kleine Furche zu ziehen, die Pflanzen hineinzustellen und die Furche mit Erde wieder auszufüllen. Abnorme Stamm- oder Zweigbildungen sind mit dem Messer zu regeln; gequetschte Wurzeln sind beim Versetzen mit schrägem Schnitt abzunehmen; sonst ist so wenig als möglich zu beschneiden, was auch von den Zweigschnitten gilt. (Pyramidenschnitt.) Ist aber ein Beschneiden der Wurzeln nöthig, so hat auch in gleichem Verhältnisse ein Beschneiden der Zweige zu erfolgen. Die nach erfolgter Saat (meistens in Rillen) aufgegangenen Pflänzchen können durch Stecken von Büschen gegen die Sonne geschützt werden. Häufig legt man auch zwischen die Saatrillen Moos, um den Boden frisch zu erhalten. Zum Schutz der Nadelholzsaat gegen Vögel wird öfters der zuvor angefeuchtete Same mit trockenem gepulverten Mennig gemengt, in neuerer Zeit wird dagegen das Einweichen der Samen in verdünnte Karbolsäure empfohlen. Im Winter sind die Pflänzchen gegen das Auffrieren und gegen das Ziehen durch Bedeckung zu schützen, sobald einmal der Boden fest gefroren ist. Hierzu kann auch Sägmehl verwendet werden und können Deckgitter zur Anwendung kommen. Insbesondere sind junge Kiefernpflänzchen auch gegen die Frühjahrssonne zu schützen, damit nicht die Thätigkeit der Nadeln geweckt wird, bevor auch der Boden erwärmt ist und die Vegetation begonnen hat;*) hierdurch wird die so gefürchtete Krankheit der Schütte größtentheils verhütet werden, daher Föhren-Saatkämpe in Bestandslücken sich sehr gut bewähren. Auch eingeebnete Stocklöcher können zur Saat und zum Verschulen benützt werden.

Es wird sowohl im Herbste, wie im Frühjahre gepflanzt, vor beginnender und nach beendigter Saftbewegung. Jüngere Pflanzen gedeihen beim Verpflanzen besser, als ältere; die Pflanzweite beträgt durchschnittlich nur 1 m; bei gutem Boden kann weiter, als auf magerem und in rauher Lage gepflanzt werden.

Die Frühjahrspflanzung wird der Herbstpflanzung wegen der dann noch im Boden vorhandenen Winterfeuchtigkeit und der schnelleren und sicheren Einwurzelung des Pflänzchens vorgezogen und weil die Pflänzchen nicht mehr durch das Auffrieren des Bodens leiden.

Die Winterfeuchtigkeit hat überhaupt für den Wald eine große Bedeutung; dieselbe ist durch Bestandsschluß und durch Schonung der Streudecke dem Waldboden möglichst lange zu erhalten.

Die Herbstpflanzung ist namentlich für Holzarten zu empfehlen, welche im Frühjahre bald ausschlagen, wie Lärche und Birke.

---

*) Bei nicht völlig erwärmtem Boden steht die Wasseraufnahme aus solchem durch die Wurzeln in keinem Verhältnisse zur Wasserverdunstung durch Transpiration der Nadeln im directen Sonnenlichte, daher letztere „dürr" werden und abfallen.

Die Größe der Pflanzen richtet sich nach den örtlichen Ver=
hältnissen; starker Graswuchs und rauhes Klima erfordern grö=
ßere Pflanzen, bei umgekehrten Verhältnissen können die Pflanzen
bis zu 2 Jahren, bei Föhren bis 1 Jahr herab gewählt werden,
im großen Ganzen werden 4—5jährige und meistens zuvor ver=
schulte Pflanzen verwendet.

Schnell wachsende Holzarten, wie Kiefer und Lärche, werden
schon 1jährig, langsamer wachsende 2=, auch 3jährig verschult,
nach weiteren 2—3 Jahren sind dann Wurzeln und Krone voll=
kommen ausgebildet, und können die Pflanzen, wenn sie gesund
sind, d. h. wenn sie bei voller Belaubung und Beastung und
kräftigem Jahrestriebe eine lebhafte grüne Farbe der Nadeln und
Blätter zeigen, in's Freie verpflanzt werden; somit Buchensetzlinge,
Ahorn=, Ulmen=, Eschen=Pflanzen 5—6jährig, Erlen und Birken
3—4jährig, Weißtannen 4—5jährg, Fichten 3—4jährig, Buchen
3jährig. Die Kiefer wird meistens schon 1jährig verpflanzt ohne
vorhergegangene Verschulung, sonst in der Regel mit Ballen und
werden die Ballenpflanzen entweder aus Vollsaaten oder von
zuvor verschulten einjährigen Föhren gewonnen.

Gepflanzt selbst wird entweder in Löcher oder Obenauf, d. h.
in Hügeln oder auf Platten, Rabatten und Sätteln, und zwar
in Reihen oder im Quadrat. Die Pflanzlöcher müssen stets so
groß sein, daß die Wurzeln ausgebreitet Platz finden; je mehr
und je lockerere gute Erde die Wurzel findet, desto besser. Bei
der Löcherpflanzung ist darauf zu sehen, daß weder zu tief, noch
zu seicht geflanzt wird; bei zu tiefer Pflanzung kommen die
Wurzeln leicht in unfruchtbare Erde, bei zu seichter häufig in
staubähnliche Erde; schüsselförmige Löcher, bei denen die Wurzeln
sich noch in der Dammerdschichte ausbreiten können, sind die
zweckmäßigsten.

Bei nassem Boden wendet man die Obenauf= oder Hügel=
pflanzung an. Bei der Hügelpflanzung werden die Pflanzen mit
ihren Wurzeln auf die Waldunkräuter gestellt und mit guter
Composterde überschüttet, welche hierauf mit umgewendeten Rasen=
lappen bedeckt wird. Bei der Platten=, Rabatt und Sattel=
pflanzung findet eine Erhöhung des Bodens statt, indem man

die Bodendecke abhebt und umwendet, oder Erde auf die Platte klopft und anhäufelt. Die Pflanzung mit entblößten Wurzeln ist die gewöhnlichste, häufig findet aber auch die Ballenpflanzung statt.

Zur Pflanzung mit Ballen wird der Pflanzbohrer oder die Stechschaufel verwendet, zu jener mit entblößten Wurzeln die Haue, das Buttlar'sche Pflanzeisen und der Spiralbohrer. In der Regel werden die Pflanzen nur einzeln gesetzt; die Büschelpflan=zung, bei welcher mehrere gedrängt stehende Pflanzen zugleich mit dem Ballen ausgehoben und verpflanzt werden, kommt nur noch in sehr rauher Lage vor.

Die größte Vorsicht ist beim Ausheben und dem Transport der Pflanzen zu beobachten, um das Beschädigen und Vertrocknen der für die Ernährung wichtigen sogenannten Zaserwürzelchen zu verhüten. Das Pflänzchen darf nie mit der Hand ausgezogen, sondern es soll ausgestochen werden. Beim Transport taucht man die Wurzeln zuerst in Erdbrei, umwickelt sie mit Moos und schlägt sie auf dem Pflanzplatze ein; die Pflänzchen dürfen nie länger bloßliegen.

Auf bearbeitetem Boden widerstehen die Pflänzchen länger der Dürre, als auf Boden, der mit Grasnarbe oder Haidedecke überzogen ist. In neuerer Zeit und namentlich bei Hügel= und Obenaufpflanzungen wird Kulturerde und Rasenasche auch zu den Pflanzungen verwendet. Abwechselnde Reihen von Laub= und Nadelhölzern sind bei der Saat wie Pflanzung zu vermeiden, da erstere von letzteren in der Regel überwachsen oder ganz verdrängt werden; es wird vielmehr das Laubholz besser horstweise dem Nadelholz beigemengt.

Stecklinge, Ableger oder Absenker.

Die Baumerziehung durch Stecklinge, Setzreiser oder Ableger, eine Pflanzung von Zweigen ohne Wurzeln, beruht auf dem Vermögen verschiedener Holzarten, Adventiv= oder Nebenknospen (schlafende Knospen) zu bilden, worauf sich auch die Mittel= und Niederwaldwirthschaft, die Schneidel= und Kopfholzwirth=schaft stützt.

In je höherem Grade eine Holzart dieses Vermögen besitzt (je besser sie aus dem Stocke oder der Wurzel ausschlägt, Stock=ausschlag, Wurzelbrut), desto tauglicher ist sie zu vorgenannten Wirthschaftsbetrieben. Den Nadelhölzern kommen Adventivknos=pen nicht zu, daher auch ihr Ausschlagvermögen ein höchst be=schränktes (Weißtanne). Die Bildung von Adventiv= oder Neben=knospen scheint auf dem Drange zu beruhen, durch solche die von den unverletzt gebliebenen Wurzeln fortwährend aufgenommene Nahrung zu verwerthen.

Mit der Bildung von Adventivknospen geht bei den Setz=lingen und Ablegern die Bildung von Adventivwurzeln Hand in Hand.

Wie lange ein Stock zur Erzielung von Stockausschlag be=nutzt werden kann, ist bei den verschiedenen Holzarten sehr ver=schieden. Je weicher und zur Fäulniß geneigter das Holz ist, desto eher fault der Stock und gibt weniger kräftigen Ausschlag. Eine ganz bestimmte Lebensdauer kann für die Bäume nicht gesetzt werden. Innere und äußere Bedingungen gestatten hier einen weiten Spielraum. — Im Allgemeinen kann angenommen werden, daß die Reproduktionskraft der Stöcke so lange dauert, als durch=schnittlich das forstliche Benützungsalter im Hochwalde bei der betr. Holzart zu setzen ist.

Die Vermehrung durch Stecklinge geschieht, indem man von den Zweigen insbesondere der hierzu tauglichen Weidenarten ein Stück von $\frac{1}{2}$—1 m trennt und diesen Theil des Zweiges in vorher gelockerten Boden einsteckt; durch Ableger oder Absenker, indem der Mutterstamm zur Hälfte durchsägt und der obere Theil in den Boden versenkt wird, worauf nach stattgehabter Bildung von Wurzeln die Trennung vom Mutterstamme erfolgt. Die Vermehrung durch Stecklinge und Ableger ist besonders beim Wasserbau, bei Bindung lockeren Bodens 2c. anwendbar.

Bei der Pflanzung mit Stecklingen und Ablegern muß der Boden feucht und locker sein, und die Rinde der Stecklinge darf nicht verletzt werden. In der Regel wird $\frac{2}{3}$ der Länge des Reises, das mit Knospen versehen sein muß, in schiefer Richtung von Osten gegen Westen in den Boden gesteckt, wobei man sich eines Setzholzes bedienen kann und kommt $\frac{1}{3}$ desselben mit mehreren Knospen über die Erde zu stehen. Häufig setzt man aber auch die Reiser zur Bildung von Wurzeln vorerst in Pflanz= schulen und erst später in das Freie.

2. Holzernte und Holzzucht.

Die Holzernte tritt in der Regel zur Zeit der höchsten Massenproduktion, des größten Durchschnittszuwachses und mit Rücksicht darauf ein, den Nachwuchs von der Natur zu erlangen, also dann, wenn die verschiedenen Holzarten tauglichen Samen tragen. Nach der Reinertragstheorie hat jedoch die Holzernte in jenem Alter des Holzes einzutreten, bei welchem der höchste Jahresertrag, die höchste Verzinsung des Wirthschaftskapitals er= folgt. Im hohen Alter nimmt die Samen=Tragkraft ab. Nach Baur tritt der Kulminationspunkt des durchschnittlichen Massen= zuwachses auf guter Bodenbonität früher ein, als auf schlechter, bei Fichten z. B. bei I. Bonität schon mit 60—70 Jahren, bei IV. aber erst mit 100—110 Jahren, was ich selbst auch voll= ständig bestätigt fand. Es erhält sich aber der höchste Durch= schnittszuwachs noch geraume Zeit — 10 bis 15 Jahre nach Umständen — auf derselben Höhe.

Die Größe resp. Ausdehnung der Schläge ist insbesondere vom Abgabesatz bedingt. Bei Auswahl derselben ist vor Allem zu beachten, daß das älteste Holz vor dem jüngeren genommen wird, daß Bestände mit wenig Zuwachs (lückige) geschlossenen, noch guten Zuwachs zeigenden vorgehen, daß bei der Abfuhr des Holzes dem Wiederwuchs kein Schaden zugefügt werde, daß die atmosphärischen Einwirkungen keinen Schaden bringen 2c.

Schlagführung.

Bei der Schlagführung der Hochwälder durch allmähligen Abtrieb des Holzes sind hauptsächlich die herrschenden Winde zu berücksichtigen, und sind deshalb die Schläge dem Winde entgegen (von Osten gegen Westen) zu führen.

Mit Hülfe eines Kompasses, einer auf eine feine Spitze ge-
stellten Magnetnadel, welche die Eigenschaft hat, an demselben
Orte der Erde immer dieselbe Lage einzunehmen, und deren eines
Ende (Nordpol) nahezu, d. h. im mittleren Deutschland mit einer
nach Ort und Zeit abwechselnden Abweichung von 13° westlich,
nach Norden, das andere (Südpol) **nach Süden** zeigt, kann man
sich auch bei wolkenbedecktem Himmel leicht orientiren, indem,
wenn man sich gegen die Nadel so stellt, daß ihr Nordpol (meist
blau angelaufen) vom Körper des Beobachters entfernter, als der
Südpol sich befindet, damit die Nordsüdrichtung angedeutet ist,
aus welcher sich von selbst Westen und Osten ergibt.

Man unterscheidet Vorbereitungshiebe, Angriffs=, Nach= oder
Lichthiebe und Abtriebshiebe. Der Vorbereitungshieb ist nichts
Anderes als die letzte etwas stärker geführte Durchforstung und
hat den Zweck die Samenbildung zu befördern, die Zersetzung
der Humusschichte des Bodens zu beschleunigen und den Boden
für den abfallenden Samen empfänglich zu machen. Der Vorbereitungshieb wird in der Regel 8 bis 10 Jahre vor dem
eigentlichen Angriffshiebe eingelegt, wobei gleichzeitig die vorkommenden Vorwüchse — auch verbuttete Tannenvorwüchse —
herausgenommen werden.

Die Stärke der Angriffshiebe richtet sich nach dem Verhalten
der verschiedenen Holzarten zu Licht und Schatten. Man theilt
die Holzarten in schattenliebende (vor Allem Eibe, Buche, Weißtanne, Hainbuche, Fichte) und lichtliebende (Eiche, Ahorn, Fohre,
Aspen, Birken, Eschen, Lärche). (Sämmtliche Holzarten wachsen
zwar im Freien, d. h. im Lichte besser, als in Ueberschirmung,
die Bezeichnung schattenliebende Holzarten besagt daher nur, daß
einzelne Holzarten Beschattung ertragen, und daß dieselben durch
die Ueberschirmung gegen die nachtheiligen Folgen sowohl der
Hitze, als des Spätfrostes zu schützen sind.*) Durch den Angriffs=
hieb sollen die Bestände insoweit gelichtet werden, daß der ab=

---

*) Bei einzelnen Pflanzen ist aber auch die Verdunstung in der Sonne
viel stärker, als im Schatten, während bei anderen, wie der Weide, dieser
Unterschied sehr gering ist.

gefallene Same keimen und das Pflänzchen wachsen kann, gleich=
zeitig aber letzteres gegen Sonne und Frost noch geschützt ist.

Eine zu dichte Moosschichte muß theilweise entfernt werden,
weil sonst der Samen nicht ankeimen kann, und das nur in der
Moosschichte wurzelnde Pflänzchen in trockenen Sommern vertrocknet.

Ein Angriffs= oder Samenschlag ist nur bei in Aussicht
stehendem Samenjahre zu führen. Bei den sogenannten dunkeln
Besamungsschlägen dürfen die stehen bleibenden Bäume sich mit
ihren äußersten Zweigen noch berühren, oder es kann auch die
Entfernung der äußersten Zweigspitzen von einander je nach Lage,
Boden, Klima und Holzart 1—3 m und noch mehr betragen.
Zu Samenbäumen wählt man vorzugsweise gesunde Stämme,
wenn auch nicht die stärksten, es ist vielmehr bei Führung der
Dunkel= und Lichthiebe stets das stärkere Stammholz zuerst aus=
zunützen, damit nicht durch späteres Herausbringen desselben der
Nachwuchs beschädigt wird.

Durch die nach Ablauf einiger Jahre zu führenden Nach=
oder Lichthiebe soll sodann dem inzwischen etwas erstarkten
Pflänzchen wieder mehr Licht verschafft werden, das es zum
ferneren Wachsthum bedarf; in der Regel wird nicht auf einmal,
sondern zu verschiedenen Zeiten nachgehauen und zwar mit Rück=
sicht auf die Entwicklung des vorhandenen Aufschlags. Im
Allgemeinen sind insbesondere bei kräftigem frischen Boden und
in den den Spätfrösten ausgesetzten Lagen die Nachhiebe langsam,
auf magerem trockenen Boden dagegen rascher durchzuführen, damit
den Pflanzen die atmosphärischen Niederschläge zu Gute kommen.

Durch den Abtriebshieb wird schließlich der letzte Rest des
Holzes entfernt, wenn das Pflänzchen bereits so erstarkt ist, daß
dasselbe alles Schutzes entbehren kann.

Der Verjüngungszeitraum dehnt sich nach Umständen oft auf
10, 20 und noch mehr Jahre aus.

Für gewisse Zwecke, namentlich um der Zukunft starke Stämme
zu überliefern, werden jedoch öfters einzelne Bäume übergehalten,
in der Regel Fohre, Weißtanne, Eiche, auch Buche, wozu jedoch
stets nur schöne, schlankwüchsige und Ausdauer versprechende Bäume
auszuwählen sind, von denen nicht zu befürchten steht, daß sie

vom Winde geworfen werden oder nach einiger Zeit absterben. Es sind daher derartige zum Ueberhalten bestimmte Nutzstämme schon während der Periode der vollsten Wuchskraft allmählig aus dem Schlußstande in die Freistellung überzuführen, damit sie zu jener Kronenentwicklung gelangen, welche der Ueberhälter zum kräftigen Weiterwachsen nöthig hat.

Sämmtliche genannte Hiebe haben somit die natürliche Verjüngung im Auge.

Bei lang ausbleibendem Samenjahr werden in der Regel Kahlhiebe geführt und soll sich deren Breite im Allgemeinen nach der Höhe der anstoßenden Bäume insoweit richten, daß solche die doppelte Breite der Höhe der Bäume erhalten.

Die natürliche Verjüngung durch sogenannte Kahlschläge, wobei alles Holz auf einmal auf der Schlagfläche hinweggenommen wird und die Verjüngung durch den abfallenden Samen von den längs des Schlagsaumes stehenden Bäumen geschehen soll, ist nur bei Holzarten anwendbar, welche in der Jugend keines Schutzes bedürfen, und wenn nach plötzlicher Freistellung der Boden sich nicht mit Gras und Unkräutern überzieht. In der Regel ist die natürliche Verjüngung mittelst allmähligen Abtriebes des Holzes durch sogenannte Besamungsschläge, wobei, wie vorbemerkt, das Holz durch die verschiedenen Hiebsmanipulationen in mehrjährigen Zwischenräumen hinweggenommen wird, jener durch Kahlschläge vorzuziehen. Man erreicht hiedurch neben kostenfreier Erziehung des Wiederwuchses eine namhafte Erhöhung des Zuwachses an den Samenbäumen.

Die Verjüngung durch allmähligen Abtrieb des Holzes oder auch die horstweise Verjüngung ist aber insbesondere in Spätfrostlagen und wenn es sich um Erhaltung des Laubholzes oder Einmischung von Weißtannen in die Bestände handelt und Windbeschädigungen nicht zu befürchten sind, planmäßig auf längeren Zeitraum auszudehnen. Zur Schonung des Nachwuchses ist selbstverständlich das gefällte Holz stets auszurücken.

Nie sollte sowohl in den Schlägen als namentlich auf den Kahlhieben auf natürliche Besamung lange zugewartet werden, es ist vielmehr bei ausbleibender oder mangelhafter natürlicher

Besamung künstlich aus der Hand anzusäen, oder die kahl ab=
getriebene Fläche nach vorhergegangener gründlicher Stockrodung
alsbald auszupflanzen, denn auf Kahlschlägen, wie auf Blößen
und stark gelichteten Beständen tritt Humusarmuth ein, der
Boden verliert an Produktionskraft, wenn nicht für alsbaldige
Beschattung desselben wieder gesorgt wird. Die Kahlschlagwirth=
schaft muß als die größte Zerstörerin der Bodenkraft angesehen
werden und sollte daher nur dann Platz greifen, wenn ganz
armer Boden oder ein starker Graswuchs die natürliche Ver=
jüngung hindert.

Durchforstungen und Reinigungen.

Unter Durchforstungs= und Reinigungshieben werden die bis
zum Vorbereitungs= oder Angriffshiebe stattfindenden Aushauungen
der unterdrückten Stämmchen oder derjenigen, welche das Wachs=
thum des Hauptbestandes hindern, verstanden, und bezwecken die
Durchforstungen · zunächst die Hebung des Hauptbestandes, des
Zuwachses und die Nutzung des Zwischen= oder Nebenbestandes.
Im Allgemeinen können die Durchforstungserträge bis zu 20%
der Haubarkeitsmasse angenommen werden.

Bei Ausführung der Durchforstung und Reinigung ist vor
Allem darauf zu sehen, daß der Kronenschluß nicht unterbrochen
werde und dadurch Lücken im Walde entstehen; es genügt, die
bereits abgestorbenen oder dem Absterben nahen Stämmchen zu
nützen; als Hauptregel gelte, besser häufiger und schwach, als
selten und stark die Bestände zu durchforsten; man fange mit den
Reinigungen schon vom 15. bis zum 20. Jahre des Holzes an,
und wiederhole solche, später Durchforstungen genannt, alle 10
bis 12 Jahre. Bei vollendetem Höhenwuchse und bei besserem,
frischen Standorte darf jedoch auch zeitiger und fleißiger durch=
forstet werden; frühzeitig durchforstete Bestände verholzen stärker
und besitzen größere Widerstandsfähigkeit gegen Stürme, Schnee=
und Eisdruck, als ganz geschlossen erzogene Bestände.

Die pflegliche Behandlung der Junghölzer bis zum Beginn
der Reinigungen und Durchforstungen wird mit Schlagpflege
bezeichnet, wobei namentlich auch die verdämmenden Weichhölzer ꝛc.
läuterungsweise entfernt werden.

Zur Erziehung astreinen Nutzholzes ist die Trockenastung in Nadelholzbeständen, sowie bei den Eichen die Entastung der trockenen Hornäste mittelst der Alers'schen Flügelsäge von Mitte September bis Ende März außerhalb der Saftzeit glatt vom Stamme weg zu empfehlen. Bei Theerung der Wundflächen kann die Gefahr der Infektion durch parasitische Pilze abgewendet werden.

Noch nicht völlig abgestorbene Aeste sollten dem Baume nicht entnommen werden, da demselben hierdurch eine gewisse Menge Kali- und Phosphorsäure entzogen wird, welche ihm erhalten bleibt, wenn man die Aeste durch Beschattung allmählig absterben läßt.

Durch die Durchforstungen und Reinigungen gewinnt man das unterdrückte Holz, verschafft den stehen bleibenden Stämmen einen größeren Standraum, vermehrt die Einwirkung der Luft und des Lichts, fördert die Belaubung und Bewurzelung, erhält dadurch stämmigeren Wuchs und größeren Zuwachs, und die Bestände widerstehen leichter schädlichen Naturereignissen, namentlich dem Schneedruck. Durch die Durchforstungen wird ferner, wie schon bemerkt, der sogenannte Nebenbestand (die minder werthvollen und nicht zur Anzucht bestimmten Holzarten) genützt, werden die Bedürfnisse an Hopfenstangen, Bohnenstangen 2c. befriedigt, und damit ein periodischer Zinsenertrag aus dem Holzvorrathskapitale gewonnen.

Schlagführung im Plänterwalde.

Der Fehmel- oder Plänterbetrieb, der ursprünglich älteste Waldbetrieb, bei welchem stamm- oder gruppenweise im ganzen Walde herum der Aushieb des Holzes erfolgt, so daß sämmtliche Altersstufen von der Samenpflanze bis zum Starkholz in meist horstweiser Vertheilung im Bestande vertreten sind, ist besonders im Hochgebirge, wo zum Schutz gegen Lawinen 2c. die fortwährende Erhaltung eines hochstämmigen Bestandes nöthig ist, überhaupt in sogenannten Schutzwaldungen empfehlenswerth, namentlich trifft man solchen sehr häufig in Privatforsten an, wie er sich überhaupt für kleinen Waldbesitz ganz besonders empfiehlt.

Wird geregelt gepläntert, d. h. werden die Bäume nicht bloß ganz vereinzelt gefällt, sondern gruppenweise, und wird nicht jedes Jahr im ganzen Walde herum, sondern 10—20 Jahre lang in einem größeren Theile des Waldes gepläntert, so erfolgt in der Regel die Besamung nicht nur vollständig, sondern der Anflug zeigt auch freudiges Wachsthum, er ist geschützt gegen Frost=gefahren, widersteht leicht anhaltender Trockniß, und kann sich erhalten und entwickeln. Durch den Plänterbetrieb wird ins=besondere die horstweise Einmischung der Buche und Weißtanne in die Bestände sehr begünstigt.

Mittel= und Niederwaldungen.

Für die Größe der Schläge bei Mittel= und Niederwaldungen ist in der Regel die Flächenfraktion entscheidend, so daß beispiels=weise bei einer Fläche von 100 ha und bei 20jährigem Umtriebe jährlich 5 ha zum Hiebe gezogen werden.

Der Mittelwald unterscheidet sich neben der gleichzeitigen Vereinigung des Samen=Holzbetriebs mit dem Stockschlag=betriebe auf einer Fläche vom Niederwald auch dadurch, daß bei ihm von einem Umtriebe zum andern in gleichmäßiger Vertheilung sogenanntes Oberholz übergehalten wird. Hiezu sind insbesondere tauglich: Eichen, Ahorn, Eschen zum Zweck der Erziehung von stärkerem Nutzholze, dann zur Erhöhung der Einnahme, zur Verjüngung durch Samenabfall und zum Zweck der Beschützung des Unterholzes. Die überzuhaltenden Stämme werden bei der ersten Schlagführung Laßreidel, bei wiederholter Oberständer und nach Erreichung von 30 cm Stärke Bäume genannt. Man muß immer die schönsten und werth=vollsten Stämme überhalten. Bäume von hohem Wuchs, ge=ringer Krone passen am besten. Je mehr vom Oberholz ohne Benachtheiligung des Unterholzes übergehalten werden kann, desto besser ist es.

Zum Oberholz passen Holzarten, welche wenig überschirmen und den Stürmen widerstehen, daher Eiche, Ulme, Esche. Bildet die Buche das Unterholz, so darf bei gutem Boden eine Ueber=schirmung bis fast zur Hälfte der ganzen Fläche stattfinden.

Zum Unterholz im Mittelwalde passen vor Allem diejenigen Holzarten, welche gut ausschlagen und Schirm und Schatten ertragen, wie z. B. die Buche und Hagebuche, weniger gut die Eiche und die Erle, doch kann bei mäßigem Oberstande, und wenn es sich um Rindengewinnung handelt, auch die Eiche als Unterholz gezogen werden.

Die Ausschlagsfähigkeit hängt von dem Alter der Holzart und dem Standorte ab; im höheren Alter schwindet sie immer mehr, über 40 Jahre schlagen die meisten Holzarten nicht mehr gut aus.

Reichlichen Ausschlag geben die Eiche, die Weißbuche, die Ulme, dann die Ahornarten, die Eschen, die Erlen, Pappeln und Weidenarten, welch letztere Holzarten sowohl von dem Stocke, als der Wurzel vortrefflich ausschlagen.

Der Boden muß übrigens bei den beiden Betriebsarten gänzlich von Streu- und Grasnutzung verschont werden, da ohnehin derselbe durch die schwächeren Holzsortimente, besonders des Wellenholzes, viel Mineralstoffe verliert, und damit sich an den Stöcken wieder Samenloden, welche zur Rekrutirung des Unterholzes nöthig sind, bilden können. Nur, wo Reisig zu Faschinen rc. abgesetzt werden kann, ist der Niederwald am Platze, ausgenommen, wo der Eichenschälbetrieb, der überdies nur im milden Klima gesichert ist, sich rentirt; flacher Boden bedingt bei Laubwaldungen den Niederwald, rauhes Klima schließt ihn aus; der Umtrieb fällt zwischen 5 und 30 Jahren, bei Weidenbuschholz von 3 bis 6 Jahren, zum Korbweidenschnitt können die Bestände sogar alle Jahre abgetrieben werden.

Die Hiebsführung selbst hat mit scharfen Instrumenten, nahe am Boden (im neuen Holze) und womöglich gegen das Frühjahr zu zu geschehen. Beim Mittelwalde wird das Unterholz zuerst gefällt.

Gegen Frost und rauhe Winde schützt am meisten die Hiebsführung von Westen gegen Osten.

Bei der sogenannten Kopf- und Schneidelwirthschaft werden von 3—6 Jahren im Frühjahre vor Ausbruch des Laubes die Zweige benützt, und zwar entweder mit Wegnahme — wie bei

erſterer — oder mit Beibehaltung der Spitze des Baumes —
wie bei letzterer. Solches geſchieht, wenn es ſich gleichzeitig um
Futtergewinnung handelt, im Herbſt vor Abfall des Laubes;
außerdem bei nöthigem Faſchinenmaterial wie ſonſt im Monate
März und April. Zeigen ſich nach dem Abtriebe zu viele Loden,
ſo werden nach vollendetem erſten Jahreshiebe die Loden durch=
ſchnitten. Unter den Weiden ſind es namentlich Salix alba und
fragilis, die zur Kopfholzwirthſchaft benützt werden.

Ueber gemiſchte Beſtände und Umwandlung einer Holzart in die andere.

Den gemiſchten Beſtänden gibt man in der Regel den Vor=
zug vor reinen, denn gemiſchte Beſtände ſteigern die Holzproduk=
tion, erhalten die Bodenkraft und ſind weniger den Sturm=,
Schneedruck= und Inſektenbeſchädigungen ausgeſetzt, als jene.

Bei gemiſchten Beſtänden ſollen nur Holzarten zuſammen
erzogen werden, welche ihrer Natur nach zuſammen gehören, und
haben jederzeit ſolche Holzarten den Hauptbeſtand zu bilden, welche
am beſten die Bodenkraft erhalten, daher ſich ſchattenertragende
Holzarten, wie Weißtanne, Buche und Fichte, ganz vortheilhaft
miſchen, während zwei lichtliebende Holzarten, wie z. B. Fohre
und Lärche, nicht zuſammen erzogen werden, da ſie ſich frühzeitig
lichtſtellen und den Boden vermagern; lichtliebende Holzarten ſind
immer mit ſchattenliebenden zu vermiſchen, daher beiſpielsweiſe
Eiche, Fohre, Lärche in Miſchung mit der Buche, Tanne mit der
Fichte gezogen werden.

Wird Weißtanne und Fichte gemiſcht, ſo wird erſtere, um
ihr einen Vorſprung vor der Fichte zu gewähren, ſchon 8 bis
10 Jahre vor der Fichte im Vorbereitungshiebe mittelſt Saat
eingebracht; bei Miſchung von Buchen oder Eichen mit Fichte
oder Weißtanne werden erſtere Holzarten am beſten horſtweiſe
gezogen.

Wenn eine vorhandene Holzart dem Boden, Klima oder den
Bedürfniſſen nicht mehr angemeſſen iſt, ſo iſt eine paſſendere an=

zubauen; wenn z. B. der Buchenhochwald nicht mehr am Platze ist, so wähle man den Fichtenhochwald; ebenso kann aber auch eine Bewirthschaftungsart, ein Wirthschaftsbetrieb dem Klima nicht mehr angemessen sein, z. B. der Mittelwald- oder Niederwaldbetrieb, und man wird dann zum Hochwaldbetrieb übergehen.

Hiebei benützt man stets die vorhandene Bestockung, und zwar theils zum Schutz für die mittelst Saat neu einzubringende Holzart, insbesondere beim Uebergang in Nadelholzhochwald, theils zum Samenabfall und zur Erziehung des Bestandes selbst.

Da aber die Pflanzung vor der Saat einen gewissen Zuwachsvorsprung gewährt, wird bei vorgenannten Umwandlungen aber häufig erstere der letzteren vorgezogen.

Bei den Laubholzwaldungen vollzieht sich der Uebergang von Mittelwald in Hochwald von selbst, wenn Oberholz vorhanden ist, um hiemit natürliche Besamung sog. Kernpflanzen zu ziehen; umgekehrt wird ein Laubholzhochwald in den Mittel- und Niederwald übergeführt, indem entweder ein Theil des Bestandes auf den Stock gesetzt und ein Theil als Oberholz belassen wird, oder daß für den Niederwald der ganze Bestand auf den Stock gesetzt wird. Beide Umwandlungen setzen aber voraus, daß die Stöcke noch ausschlagsfähig sind.

Hack- und Röderwaldwirthschaft.

Die Hackwaldwirthschaft ist eine Verbindung des Feldbaues mit dem Waldbau und hauptsächlich nur in sehr bevölkerten Gegenden, wo Mangel an Feldern ist, bei mildem Klima und in Verbindung mit der Niederwaldwirthschaft üblich. Meistens wird dabei 1—2 Jahre lang zwischen den Ausschlagstöcken auf dem bearbeiteten oder gebrannten Boden Getreide angebaut, was auch bei der sogenannten Röderwaldwirthschaft geschieht, bei welcher nach dem Abtriebe des Holzes mehrere Jahre lang auf dem völlig umgebrochenen Boden zuerst Kartoffel, dann Roggen oder Hafer, im letzten Jahre unter Einsaat des Holzsamens, gebaut wird. Nur bei sehr kräftigem Boden sollte diese Wirthschaft Platz greifen, da nach wenigen Jahren der Boden sich erschöpft. Beim Röderwaldbetrieb wird mit dem Abtriebe des Holzes eine

vollkommene Stockrodung verbunden, während der Hackwald wie
der Niederwald behandelt wird. Zum Hackwalde eignet sich vor
Allem die Eiche, beim Röderwaldbetrieb wird Eiche, Kiefer,
Lärche angebaut.

Fällung und Stockrodung.

Bei allen Fällungen von Bäumen ist darauf zu sehen, daß
solche dahin geworfen werden, wo sie den geringsten Schaden ver=
ursachen, selbst am wenigsten beschädiget werden und abgefahren
werden können. Bäume mit großen Kronen werden vor dem
Fällen auch entastet (sonst vide Aufarbeitung des Holzes).

Unter Umständen kann auch die Rodung der Stöcke nützlich
sein, z. B. bei festem, verwildertem Boden, wodurch derselbe für
die Saat empfänglicher gemacht wird; nur sollten stets die kleineren
Wurzeln, wenn dadurch die Vermehrung des Rüsselkäfers nicht
zu befürchten steht, im Boden verbleiben, um denselben locker zu
erhalten. Keine Stockrodung darf stattfinden: bei leichtem Sand=
boden, bei nassem Boden und an steilen Hängen. Beim Stock=
roden muß darauf gesehen werden, daß kein Nachwuchs beschädigt
wird. Die Stockholzmasse beträgt durchschnittlich 15—20% der
oberirdischen Haubarkeitsnutzung. So bald es sich darum handelt,
mit geringstem Aufwande von Menschenkraft und möglichster
Raschheit größere Strecken zu roden und die Stöcke gleich zu
spalten, bedient man sich mit Vortheil des Dynamit als Spreng=
mittel, doch müssen auch dann die Stöcke so umgegraben werden,
daß dieselben möglichst frei gestellt und die Horizontalwurzeln
bereits durchhauen sind.

Gewöhnliche Umtriebszeit für die verschiedenen Holzarten und deren Behandlung im Allgemeinen.

Buchen und Weißtannen werden ziemlich gleich behandelt
und benutzt, in der Regel zwischen 80 und 160 Jahren, meistens
wird die Umtriebszeit auf 120 Jahre gesetzt.

Die Umtriebszeit der Eichen fällt zwischen 150 und 200 Jahren.

Der Fichten, Fohren, Ulmen, Ahorn und Eschen zwischen
60 und 120 Jahren, bei freiem Stande erwachsen jedoch schon
mit 80 Jahren starke Stämme.

Der Erlen, Birken, Aspen von 40—80 Jahren.

Bei Buchen und Weißtannen werden in der Regel dunkle Besamungsschläge geführt und man faßt entweder so viele Jahresschläge zusammen, als durchschnittlich Jahre von einem Samenjahr zum andern verstreichen, oder man wirthschaftet frei in willkürlich zusammengefaßten Jahresschlägen. Bei den Fichten und Kiefern werden außer Schlägen mit übergehaltenen Samenbäumen auch öfters Kahlschläge geführt.

Eichen, Rüstern, Eschen, Ahorn, Erlen, Linden werden am häufigsten durch lichte Besamungsschläge, wenn Samen vorhanden ist, verjüngt. Die Wegnahme der Samenbäume kann aber gleich nach den ersten Jahren der Pflänzlinge beginnen, wenn Frostbeschädigungen nicht zu befürchten sind und ist sobald als möglich zu beenden; mit Ausnahme der Eichen werden jedoch diese Holzarten, insbesondere Ahorn, Ulme oder Rüster meist nur in Mischung gezogen.

Ueber die Anzucht der verschiedenen Waldbäume insbesondere.

Ueber die Anzucht der einzelnen Holzarten ist speciell noch zu bemerken, was folgt:

Die Eiche*) paßt im Allgemeinen weniger in reinen Bestand. Sie ist jedenfalls frühzeitig und stark zu durchforsten, jedoch erst dann, wenn die herrschenden Stangen stammfest geworden sind, daß sie sich beim Aushieb der unterdrückten nicht mehr umbiegen, sollte aber immer nur auf kräftigem, frischem Boden erzogen werden. Die Kronenentwicklung der Eiche ist eine Hauptbedingung ihres Gedeihens. Man erzieht sie auf natürlichem Wege in Besamungsschlägen oder durch Saat oder Pflanzung. Allgemein wird bei ihr die Saat der Pflanzung vorgezogen. Schon anfangs kann man die Eiche mit anderen Holzarten mischen, oder man erzieht sie auch anfangs rein, lichtet sodann aber den Bestand im angehenden Baumalter (circa 80 Jahre) und erzieht einen Unterstand. Die zu diesem Unterstande oder Unterbau zu wählenden

---

*) Winter= oder Traubeneiche ist bezüglich des Bodens und Klimas genügsamer und gegen Frostgefahr weniger empfindlich als die Sommer= oder Stieleiche, auch stellt sich erstere in höherem Alter weniger licht, als letztere.

Holzarten müssen Schirm und Schatten ertragen können; es passen hierzu Buchen, Hainbuchen, Ulmen und Tannen, weniger Kiefer und Lärche.

Die Buche kann auch gleichalterig mit der Eiche heranwachsen und mit ihr bis zur Haubarkeit beständig verbleiben. Es muß aber immer die Eiche gegen das Voraneilen der Buche, namentlich im jüngeren Alter, in Schutz genommen werden, wie auch eventuell gegen andere Holzarten durch Entgipfeln derselben, daher auch stets eine plattenweise Verjüngung, um den Eichenhorsten Vorsprung zu gewähren, anzurathen ist. Soll die Eiche in anderen Hochwaldbetrieben mit erzogen werden, so sollte solches nur in Horsten geschehen, und sind diese Horste allmählig freizustellen. Einzeln übergehalten wird die Eiche nach plötzlicher Freistellung häufig gipfeldürr.

Die Eichelsaat geschieht durch Furchensaat, durch Rillensaat, durch Vollsaat mit Umbruch des Bodens, durch den Pflug, durch Stecksaat und durch Unterhacken der Samenbäume. Bei der Stecksaat oder Stufensaat werden 3—5 hl Eicheln pro ha verwendet. Zur Pflanzung können kleinere und stärkere Heister benutzt werden; tiefes Pflanzen schadet hier, wie bei jeder Pflanzung. Die Pfahlwurzel muß jedoch unbeschädigt Platz finden. Jung verpflanzt gedeiht sie weniger als bei stärkeren Setzlingen; bei Schälwaldungen ist zu empfehlen, junge verpflanzte Eichen einen Zoll über dem Wurzelstock abzuschneiden.

Die Buche wird in der Regel bei Eintritt eines Samenjahres durch natürliche Verjüngung in dunkeln Besamungsschlägen erzogen, wobei die Ränder des Bestandes geschlossen zu halten sind, damit der Boden gegen austrocknende Winde geschützt ist.

Zum Anbau im Freien wählt man die Pflanzung, da Buchensaaten nur an passenden Oertlichkeiten im Freien gedeihen. Man erzieht die Buche unvermischt; häufig werden aber auch Eichen horstweise eingesprengt; vereinzelt eingesprengt passen Esche, Ahorn und Ulme. In Mischung mit der Buche kann am besten die Weißtanne gezogen werden, weniger die Fichte; denn letztere eilt der Buche voran und wirkt verdämmend, sollte daher immer nur horstweise eingebracht werden. Buchenverjüngungen

müssen stets gegen die Ueberschirmung der Fichten und Weich=
hölzer durch vorsichtiges Heraushauen letzterer geschützt werden.
Die Buche bedarf weniger starker Durchforstung. Der natür=
lichen Besamung im Besamungsschlage soll eine Bodenbear=
beitung vorangehen, welche durch Stockroden, Entfernung des
Laubes oder Mooses mit dem Rechen, durch leichtes Ueberhacken
der Nährschicht, durch totales Umhacken des Bodens, durch
Streifen= und Plattenhacken geschehen kann. Zur Einsprengung
der Buchen in Eichelsaaten wird die Stecksaat angewandt. Die
Buche kann von der einjährigen Pflanze bis zum starken Heister
gepflanzt werden. Immer müssen es aber stufige Pflanzen sein.
Die Buche eignet sich auch zu Ablegern und Absenkern. Bei
etwas enger Pflanzung wachsen die Buchen lebhaft, sobald sie
sich geschlossen haben; bei der Buche findet auch Büschelpflanzung
Anwendung.

Unter günstigen Bodenverhältnissen können Buche und
Eiche, etwa noch Lärche auch im Hochwalde mit Unterholz er=
zogen werden, d. h. im sog. **Lichtungsbetriebe.** Die betreffenden
Hochwaldbestände sind zu diesem Zwecke im Alter der Mittel=
jährigkeit von 60—80 Jahren allmählig bis $^2/_3$ der Holzmasse
zu lichten und ist gleichzeitig zur Bodenbeschattung und Wuchs=
beförderung des Oberstandes Unterholz als Bodenschutzholz
zu ziehen, wozu Buche, Hainbuche, Tanne passend ist. Bei den
Buchenbeständen kommt das Unterholz von selbst, bei der Eiche
muß es künstlich eingebracht werden. Der verbliebene Haupt=
bestand wird dann im gewöhnlichen Abtriebsalter zur Nutzung
gebracht. Es ermöglicht der Lichtungsbetrieb mit hohem Alter
und dennoch finanziell zu wirthschaften. Gleiches ist bei dem
sogenannten **Hochwaldüberhaltbetrieb** der Fall, bei dem zur Her=
anzucht von Starkhölzern Nutzholzüberständer (Eichen, Ahorn,
Ulmen) mit Altershöhen von 120—180 Jahren gezogen werden,
während der Umtrieb des Unterstandes aus Buchen=Kernholz,
Weißtanne ꝛc. bestehend, auf 60—80 Jahre gesetzt wird. Man unter=
baut beispielsweise einen Eichen= oder Buchenbestand im 60. Jahre
mit der Tanne, und nützt diese beiden Holzarten im 120. Jahre,
wobei wieder 50—80 Stämme pro ha übergehalten werden.

Ahorn wird nicht rein, sondern nur in vereinzelter Mischung erzogen, vorzüglich eignet er sich als Oberholz im Mittelwald. Der Same wird mit Flügeln gesäet; in den Schlägen wird der Same einfach ausgestreut und eingekratzt. Gepflanzt wird der Ahorn in 1—1¼ m hohen Loden (Heister) in einzelner Durch=sprengung oder gruppenweise. Die kleinen Pflanzen leiden durch Graswuchs.

Auch bei der Esche sind reine Bestände nicht empfehlens=werth, da sie sich früh räumlich stellt und licht belaubt ist. Bei ihr ist, wie beim Ahorn ein mäßiges Durchsprengen am geeignet=sten. Am liebsten kommt die Esche in gutem Erlenbruche fort. Wo überhaupt die Erle und die Eiche nicht wachsen mag, paßt auch die Esche nicht hin. Sie ist empfindlich gegen den Frost, daher sie nur in geschützter Lage anzupflanzen ist.

In der Regel wird die Esche gepflanzt. Es ist aber auch die Saat sehr sicher, wenn Spätfröste nicht zu befürchten sind. Bei der Saat findet streifen= und plattenweise Bodenbearbeitung statt mit Ausstreuung und Einkratzen des Samens. Der Same keimt aber meist erst im zweiten Frühjahre. Wegen der guten Wurzelbildung ist die Esche noch 1,5 m hoch und höher zu ver=pflanzen.

Ulme ist sehr geschätzt als Oberholz im Mittelwalde und sonst eingesprengt unter Buchen. Wegen seines Baues erreicht der Same den Boden nicht leicht, daher die Pflanzung, welche leicht und sicher ist, der Saat vorgezogen wird. Im Saatkampe werden die Pflänzchen durch sehr dichte Saat angezogen.

Die Hainbuche erträgt viel Schatten, sie ist deshalb ein für Mittel= und Niederwald sehr geeigneter Baum und dient auch als gutes Bodenschutzholz unter die Eichen; gegen Frost ist sie ziemlich unempfindlich, dagegen leiden die Sämlinge vom Gras=wuchse. Der Baumwuchs der Hainbuche ist gering, daher sie für Hochwälder weniger passend ist. Ihre Saat mißglückt häufig, jedoch zeigt sich auf Hutweiden, wo das Vieh den Samen ein=tritt, oft schöner Anflug. Dagegen geht die Pflanzung wegen des guten Wurzelbaues der Hainbuchen am sichersten an. Sie kann daher auch ohne Ballen und zwar bis zu starken Heistern gepflanzt werden. Außerdem eignet sie sich zu Ablegern und Absenkern.

Birke. Lichtet sich bald, gibt dem Boden keine Beschirmung, hat auch wenig Blattabfall, daher sie eigentlich nicht in reinen Beständen gezogen werden sollte, während sie als Schutz= und Zwischenholz, als Oberholz im Mittelwald oder auch unter Kieferbeständen, wenn sie bei der Durchforstung circa im 40. Jahre ausgehauen wird, gute Erträge abwirft. Aus Fichtenbeständen ist sie frühzeitig zu entfernen, weil sie durch Abpeitschen der Nadeln schadet. Gewöhnlich wird sie durch Saat angebaut oder man läßt sie von stehenden Bäumen anfliegen. Birkensame verlangt nur einen wunden Boden; man säet im Nachwinter auf den Schnee oder besser gleich nach der Reife des Samens im September oder Oktober, sie leidet weder von Hitze noch Kälte. Der Same wird leicht mit dem Boden vermengt und angetreten. Starker Graswuchs ist ihr nachtheilig. Zur Pflanzung nehme man junge Pflanzen, bei denen die Rinde noch nicht weiß zu werden anfängt. Zum gedeihlichen Wuchs verlangt sie volle Gipfelfreiheit.

Erle. Weiß= und Schwarz=Erle (erstere macht höheren Anspruch an den Boden, als letztere) sind hauptsächlich Ausschlaghölzer, deren Hiebsalter zwischen 25 und 30 Jahren fällt. Bei Nachfrage nach stärkerem Stammholz kann jedoch die Abtriebszeit bis zum 60. und 70. Jahre verschoben werden. Die Erlen sind ihres sehr schnellen Wuchses wegen für Privatforste sehr empfehlenswerth. Zum Zwecke, baldigen Schluß zu vermitteln und schwachen Wuchs zu heben, sind die Erlen als Schutzholz besonders passend, und es können mit ihnen Buchen=, Eichen= und Fichtenjungwüchse durchsetzt werden.

Bei der Saat wird häufig nur auf wunden Boden gesät, und es erträgt der Same nur sehr dünne Bedeckung. Der Erlensame, wie alle leichte Samen, darf nicht auf lockeren, losen Boden kommen; man sät im November oder Dezember auf schneebedecktem Boden breitwürfig, kratzt den Samen ein und tritt ihn an. In der Regel geschieht der Anbau durch Pflanzung, wobei auch 4—5jährige Pflanzen ohne Ballen bestens gedeihen. Erlenpflänzchen leiden durch starken Graswuchs.

Die Weiden (Baum= wie Strauchweiden) ertragen keine Ueberschirmung, ihre Anzucht geschieht meist durch Stecklinge, man pflanzt sie entweder nesterweise oder vereinzelt, häufig auf Beete oder Rabatten. Während des ersten Jahres sind die Pflanzen vor starkem Unkraut zu schützen.

Die eßbare Kastanie ist eine gesuchte Holzart in den Mittel= und Niederwäldern in geschützter und warmer Lage; bei stark entwickelter Pfahlwurzel verlangt sie einen tiefgründigen und frischen Boden. Ihre Stockausschlagsfähigkeit ist lebhaft. Zur Erziehung kräftiger Rebpfähle genügt ein 12—24jähriger Umtrieb. Die Pflanzung bildet beim Anbau die Regel, es werden hiezu 2—3jährige in Saatkämpen erzogene Pflänzchen verwendet. Gegen Graswuchs sind die jungen Pflanzen empfind= lich. Die Kastanie ist eine spezifische Lichtpflanze, muß daher im freien Stande erzogen werden. Im Hochwaldbetrieb ist der Umtrieb über 80 Jahre nicht auszudehnen, denn altes Holz ist selten mehr gesund.

Die Aspe wird am leichtesten durch Wurzelbrut vermehrt, indem man im Frühjahre den Mutterstamm nahe am Boden abnimmt.

Die Pappel verpflanzt man als Setzstange, wozu jedoch tiefe Pflanzlöcher erforderlich sind.

Die Linde, meist gepflanzt, wird auch aus Samen und dann in Rillen mit mäßiger Bedeckung oder durch Absenker, seltener aus Stecklingen gezogen. Die Pflänzchen sind Anfangs gegen Spätfrost empfindlich.

Die Kiefer ist leicht und dankbar anzubauen, ist genügsam bezüglich des Bodens, bietet den Winden Trotz und dient als Zwischenholz zur Hebung schwachen Jungwuchses. Als schirmen= der Oberstand vermittelt sie oft erst die Anzucht einer anderen Holzart, wie sie veröbeten Boden geschickt macht, später andere Holzarten aufzunehmen. Sie wird zwar meistens rein gezogen, doch auch vermischt mit anderen Holzarten, als Birke, Fichte, Lärche und Weymuthskiefer, welch letztere vor Allem bodenverbesserud wirkt. Die Fichte insbesondere kann mit ihr fortwachsen oder als Unterstand mit der Fohre erzogen werden. Bei der Mischung

der Fohre und Fichte empfiehlt sich aber eine Trennung der Holz=
arten, so daß bei der Pflanzung abwechselnd jede Holzart reihen=
weise für sich gepflanzt wird und bei der Saat eine Wechselsaat
bei den Streifen und Platten eingehalten wird.

Zur Anzucht von Waldmänteln paßt die Fohre am besten.
Regel ist bei ihr der künstliche Anbau, obwohl sie auch bei besserem
Boden in sehr lichten Besamungsschlägen erzogen werden kann.
Bei magerem Sande ist nach kahlem Abtriebe in möglichst
langen Streifen enge Pflanzung mit einjährigen Pflanzen der
Saat vorzuziehen, nachdem zuvor die Stöcke gerodet, Haide und
Unkräuter entfernt sind, und der Boden oberflächlich unter Unter=
bringung des Haidehumus in die mineralische Erde bearbeitet
wurde. Die Bodenbearbeitung und Entfernung der Haide ist
zu wiederholen, bis die Pflanzen sich geschlossen haben und den
Boden beschatten, denn mit Haide überdeckter Boden verdunstet
viel mehr Feuchtigkeit als unberaster oder unbedeckter. Beim
künstlichen Anbau ist die Saat am gebräuchlichsten; sie geschieht
in Furchen, in Streifen, Platten und Rillen oder vollwürfig
mittelst der Egge. Sie wird aber auch mit und ohne Ballen
gepflanzt; in der Regel ein= bis dreijährig und im Meter=Ver=
bande, wobei das buttlarische oder biermanische Verfahren, be=
sonders bei einjährigen Pflänzchen, auf passenden Oertlichkeiten
angewendet werden kann. Bei allen Kiefern= und Fichtenkulturen
gewinnt die Stockrodung wegen des Rüsselkäfers besondere Be=
deutung und werden daher bei der Hiebsführung am besten die
Bäume nicht gefällt, sondern gleich gerodet.

Bei Engerlings=Verwüstungen ist der Samenschlagbetrieb
dem Kahlschlagbetrieb vorzuziehen. Bei letzterem ist stets ein
solcher Hiebswechsel einzuführen, nöthigen Falles durch Trennung
eines Bestandes in mehrere Wirthschaftsstreifen, daß der neue
Hieb dem vorangegangenen erst in 3—4 Jahren folgt. Bei der
Pflanzung mit einjährigen Pflänzchen können letztere bis dicht
an die untersten Nadelansätze eingesenkt werden. Bei der Flug=
sandkultur ist erst die Fläche mit Haideplaggen zu decken und
kommt sodann die einjährige Föhrenpflanze an die Nordseite der
Plagge zu stehen.

Fichte; sie leidet am meisten durch Wind, Schneedruck und Bruch, daher auf Anzucht stämmiger Jungwüchse zu sehen ist. Borken- und Rüsselkäfer sind ihre Feinde. Alle diese Nachtheile werden vermindert bei Fichtenmischbeständen, daher solche reinen vorzuziehen sind. Häufig werden Kiefern oder Weymuthskiefern als Schutzbestand mehrere Jahre vor der Fichte erzogen; als eigentliches Mischholz kommt aber vorzüglich die Weißtanne in Betracht, welche in Besamungsschlägen, besser Vorbereitungshieben, 8—15 Jahre vor der Fichte gezogen und begünstigt wird. Doch wird auch die Fohre durch Pflanzung oder Saat mit der Fichte erzogen, häufig kann jedoch diese Beimischung der Natur über-lassen werden, wenn Fohrensamenbäume vorhanden sind. Schmale lange Schläge sind bei ihr, wie bei Erziehung der Weißtanne, besonders empfehlenswerth, sowohl beim Besamungsschlage als beim Kahlschlage. Wegen der Rüsselkäfergefahr vermeide man zu häufige Nachhauungen. Der Samenschlag wird bei wirk-lich eintretendem Samenjahre geführt, nach erfolgter Besamung hat die Nachhauung und später die Freistellung durch Absäumung möglichst rasch, jedoch erst, wenn die Pflänzchen gehörig erstarkt sind, zu erfolgen. Sollte wenig oder gar kein Anflug sich zeigen, ist aus der Hand anzusäen. Bei etwa stattgehabter Stockrodung sind auch die eingeebneten Stocklöcherplatten, wenn sie sich ge-hörig gesetzt haben, anzusäen. Verbleibende Lücken sind auszu-pflanzen. Starker Graswuchs hindert die Saat. Dieser, wie das Auffrieren und die Dürre sind häufig die Ursachen des Miß-lingens der Fichtensaat. Vollsaat, Streifensaat und Plattensaat ist das gewöhnlichste. Bei der Pflanzung wurde früher häufig die Büschelpflanzung angewandt, welche aber, weil die einzelnen Pflanzen dabei mehrere Jahre lang um die Herrschaft zu ringen haben, nunmehr der Einzelnpflanzung mit und ohne Ballen den Platz geräumt hat. Löcher- oder auch Hügelpflanzung ist am beliebtesten. Nie verwende man unterdrückte, sogenannte Vor-wuchspflanzen zur Pflanzung, die auch in den Schlägen heraus-zureißen sind.

Tanne gilt im Allgemeinen, besonders in Süddeutschland, für die geschätzteste Holzart, sie ist vollholzig, kräftig, leidet wenig

von Sturm und Insekten und wird mit Fichten und Buchen er=
zogen; häufig gedeiht sie noch, wo die Fichte kränkelt, da sie
ihren Nahrungsbedarf bei ihren tiefgehenden Wurzeln im Unter=
grunde noch zu decken vermag, wohin die flachwurzelnde Fichte
nicht mehr dringt; man führt bei ihr, wie bei der Buche, Vor=
bereitungshiebe und dunkle Besamungsschläge, denen langsam die
Lichtschläge und endlich die Nach= und Abtriebshiebe folgen. Bei
allen Verjüngungsschlägen muß der jungen Weißtanne spätestens
im vierten Jahre mehr Licht gegeben werden, während nach dem
ersten Lichtschlage der Weißtannenaufwuchs lange Zeit Schatten
erträgt. Saaten aus der Hand werden in Rillen, schmalen
Streifen oder Platten in Bestandslücken mit Oberlicht und zwar
nach Führung des Vorbereitungshiebes 10—15 Jahre vor dem
eigentlichen Besamungshieb in den Beständen selbst ausgeführt,
und wird der Same dabei leicht mit Moos bedeckt. Die Pflan=
zung beschränkt sich auf Auspflanzung schattiger Bestandslücken.
Sie ist gegen Spätfröste sehr empfindlich, daher sie nur in ge=
schützten Lagen hinter Stöcke und Steine gepflanzt wird. Am
besten verwendet man 5—6jährige Ballenpflanzen, oder auch
verschulte. Häufig findet man in den zur Verjüngung bestimmten
Beständen stellenweise bereits Tannenjungholzorte vor, welche
dann mittelst Herausnahme der in denselben oder am Rande
sich vorfindlichen größeren Stämme allmählig freizustellen sind
(Löcherverjüngung), wobei jedoch stets Rücksicht auf die Wind=
richtung zu nehmen ist.

Die Lärche wird in der Regel nur mischweise und einge=
prengt erzogen und zwar am besten mit schnellwüchsigen Holz=
arten, wie der Birke und der Kiefer.

Die Lärche verlangt immer einen mineralisch kräftigen,
tiefgründigen, am liebsten Thonboden. Buchen und Fichtenjung=
wüchse können einzeln mit Lärchen durchstellt werden. Ihre An=
zucht erfolgt entweder durch Handsaat in Riefen oder Platten
oder durch Pflanzung. Der Same darf bei der Saat nur sehr
schwach bedeckt werden. Frisch gelockerter Boden ist ihr so wenig
wie der Ulme, Birke und Erle zuträglich. Stufige, kräftige
Pflanzen können auch ohne Ballen leicht verpflanzt werden.

Selten erzieht man reine Lärchenbestände. Es ist bei ihr auf Luft- und Lichtzutritt Bedacht zu nehmen, sie ist räumlich und in einer luftigen, aber schroffem Temperaturwechsel nicht unterworfenen Lage zu erziehen, sie muß ihre Aeste bis an den Boden ausbreiten können, erträgt daher keine Seitenbeschattung und ist ihr auch stets volle Gipfelfreiheit zu sichern.

Die Zirbelkiefer oder Arve, welche am Wettersteingebirge in Bayern und besonders in der Schweiz noch in reinen Beständen an der äußersten Grenze der Baumvegetation vorkommt, wächst sehr langsam, hat aber vortreffliches Holz, sie wird selten unter 200 Jahren genützt. Man pflanzt sie 3 bis 4jährig und zieht die Pflänzchen in Pflanzschulen oder zieht aus Samen reine Bestände. Gras verdämmt den jungen Nachwuchs leicht. Sie ist sehr schutzbedürftig; der Same geht meist erst im zweiten Frühjahre auf.

Die Weymuthskiefer wächst sehr schnell und kann — wie auch die Schwarzkiefer — gleich der Fohre behandelt werden. In der Regel zieht man die Pflanzen in Pflanzschulen und verpflanzt sie ins Freie. Die Weymuthskiefer wird besonders zu Lückenauspflanzungen und bei ihrem starken Nadelabfall zur Verbesserung vermagerter Böden verwendet. Die Schwarzkiefer paßt vor Allem auf trockenes Kalkgeröll, gegen allzu starken Frost ist sie empfindlich.

Die Eibe wächst sehr langsam, wird aber sehr alt. Man erzieht sie nicht in reinen Beständen, sondern in schattiger Lage eingesprengt durch Pflanzung oder Saat. Der Same geht meist erst im zweiten Jahre auf.

Die Krummholzkiefer im Hochgebirge, auch die Moosföhre auf Mösern, wird wie die Fohre erzogen und dient erstere im Hochgebirge zum Schutze gegen Lawinen und des Bodens gegen Abrutschungen.

II. Forstschutz.

Unter Forstschutz versteht man die Abwendung Alles dessen, was dem Walde zum Nachtheile gereichen kann.

Die Waldungen können gefährdet werden: durch Menschen, Thiere, Gewächse, Naturereignisse und Krankheiten des Holzes.

Forstschutz gegen Menschen.

Derselbe hat nach dem bayerischen Forstgesetze einzugreifen bei allen Handlungen, welche unberechtigt im fremden Walde und überhaupt dem Walde Schaden bringend verübt werden, und werden diese Handlungen eingetheilt in Forstfrevel und Forstpolizeiübertretungen.

Forstfrevel ist jede im fremden Walde begangene unberechtigte Handlung.

Forstpolizeiübertretung ist eine im eigenen Walde begangene Zuwiderhandlung gegen forstpolizeiliche Bestimmungen.

Die Forstfrevel werden wieder eingetheilt in Forstfrevel durch Entwendung und in Forstfrevel durch Zuwiderhandlung gegen forstpolizeiliche Bestimmungen.

Zu den Forstfreveln durch Entwendung rechnet man: Die Entwendung von stehendem Holze, von liegendem, durch Winde 2c. geworfenem Holze, Entwendung von Gras, Streu, Pech, Harz Lohrinde, Waldsamen 2c.

Zu den Forstfreveln durch Uebertretung forstpolizeilicher Bestimmungen gehören: rechtswidrige Weide, Uebertretung der Abfuhrzeiten, Benützung unerlaubter Wege, Beschädigung von Grenzzeichen, Waldarbeiten zur Nachtzeit, Feueranmachen, Einzelhut 2c.

Zu den Forstpolizeiübertretungen rechnet man: Ausübung der Weide in jungen Hölzern, Ausübung der Weide ohne Hirt oder zur Nachtzeit, kahlen Abtrieb bei Schutzwaldungen; ferner Rodung eines Waldes behufs Zuwendung desselben zur landwirthschaftlichen Kultur ohne forstpolizeiliche Bewilligung, Feueranmachen ohne die nöthigen Vorsichtsmaßregeln, Unterlassung der Aufforstung von Waldblößen 2c.

Die Entwendung von aufgearbeitetem, zum Verkaufe oder Verbrauch bereits zugerichtetem Holze wird nach den allgemeinen gesetzlichen Bestimmungen über den Diebstahl bestraft.

Die gegen Frevel durch Menschen zu ergreifenden Maßregeln bestehen in Aufstellung von tüchtigen Forstschutzbediensteten, zweckmäßiger Anweisung ihrer Wohnsitze und hinreichender Besoldung, guter Forstgesetzgebung und prompter Ausübung der Justiz, nicht allzuhohen Forsttaxen und der Fürsorge, daß Jeder die ihm unentbehrlichen Produkte aus dem Walde gegen Bezahlung beziehen kann.

(Wegen des Einflusses der Wälder auf Boden und Klima und die Fruchtbarkeit eines Landes ist in jedem Lande ein gewisses Waldareal nöthig, und müssen insbesondere Waldungen, welche zur Abwehr verheerender Naturereignisse dienen, sogenannte Schutzwaldungen, stets in Bestockung erhalten bleiben. Im Allgemeinen werden die Gebirgswaldungen den Charakter der Schutzwaldungen, für die der kahle Abtrieb und die Rodung untersagt ist und welche am besten nur plänterweise benützt werden sollten, an sich tragen, wenn auch öfters bewaldete Hügel im Flachlande als Schutzwaldungen erklärt werden müssen, überhaupt Waldungen, deren Erhaltung im öffentlichen Interesse geboten ist.)

Forstschutz gegen Thiere.

Das Vieh schadet dem Walde durch Abbeißen und Zertreten der Pflanzen besonders an Hängen, durch Löchertreten und durch Verbiegen des Holzes. Die Größe des Schadens hängt ab von der Art des Viehes, von der Menge und dem Hunger desselben, von der Holzart und von der Witterung. Jungorte dürfen nur beweidet werden, wenn die Pflanzen dem Maule des Viehes entwachsen sind. Den meisten Schaden verursachen die Ziegen, Laubholzarten ziehen die Ziegen vor; ihnen folgen die Pferde, Rindvieh, Schafe und Schweine; häufig werden aber auch die Schläge mit Rindvieh beweidet zur Vertilgung des Unkrautes, und es wird auch der Same dadurch in den Boden getreten.

Unter die den Waldungen Schaden zufügenden Thiere rechnet man ferner das Edel-, Dam- und Schwarzwild, die Rehe, Hasen, wilde Kaninchen, Eichhörnchen und Mäuse.

Das Edelwild und insbesondere das Damwild schadet namentlich durch Beschlagen, Fegen und Schälen der Stangenhölzer oder durch Zertreten, Verbeißen des Aufschlages, insbesondere des Stock-

ausſchlages. Mittel dagegen ſind: Anlegung von Salzlecken, Ab=
ſchießen, Füttern im Winter.

Die Rehe ſchaden durch Abbeißen der letztjährigen Triebe,
insbeſondere bei tiefem Schnee, ſie nehmen insbeſondere Holz=
arten an, welche ſich bisher im Beſtande nicht vorfanden und
erſt neu eingebracht wurden, z. B. Fohren zwiſchen Fichten.
Mittel dagegen ſind: Beſtreichen der Gipfel der Pflanzen mit
Steinkohlentheer, verdünnter Karbolſäure, ausreichende Winter=
fütterung, Schonung der Aspen.

Kaninchen ſchaden durch ihren Bau und durch Schälen des
Holzes, namentlich der Akazie. Haſen in Plantagen, und insbeſondere
in Buchenverjüngungen bei tiefem Schnee durch Abnagen der
Rinde und Verbeißen der Knospen und jungen Triebe, Eich=
hörnchen durch Abbeißen der Knospen und Endſpitzen der Triebe
und Samenlappen der Buchen= und Eichen=Keimlinge, dann durch
Aufzehren von Samen, ſowie durch Schälen der Rinde der Lärchen
und Abbeißen der Gipfel.

Das Schwarzwild ſchadet gleich den zahmen Schweinen durch
Aufbrechen des Bodens in Verjüngungen, dann durch Aufzehren
von Eicheln und Bucheln, wird aber im Allgemeinen mehr für
nützlich als ſchädlich gehalten durch Vertilgung von Mäuſen und
Inſekten, namentlich der Puppen der Forleule und des Kiefern=
ſpanners und durch Empfänglichmachung des Bodens für den
abfallenden Samen. Mittel dagegen: Abſchuß oder Eingattern
der Verjüngungen.

Die Mäuſe zehren nicht allein den Holzſamen auf, ſondern
benagen die Rinde der Pflanzen und beißen Wurzeln und Knospen
ab; Mittel dagegen: Schonung der Igel, der Mäuſebuſſarde,
der Füchſe und des Schwarzwildes, Anlage von Schutzgräben.
In Anlagen, Pflanzgärten ꝛc. zeigt ſich unter den Nagethieren
die Wühlratte, auch Wühl= oder Mollmaus genannt, äußerſt
ſchädlich, indem ſie den Pflanzen die Wurzeln meiſt am Wurzel=
knoten abbeißt; armsdicke Eichenſtämmchen werden von ihr total
abgenagt. Mittel dagegen: Fang durch Maulwurfsklammern
oder Vergiften durch Waizen, Sellerieknollen, die in die Röhren=
gänge gelegt werden.

Unter die den Waldungen schädlichen Vögel rechnet man das Auer= und Birkwild und die Wildtaube.

Das Auer= und Birkwild, namentlich die Hennen, schaden durch Abbeißen der Gipfelknospen und jungen Triebe der Keim= linge, besonders in Kieferverjüngungen und Saatkämpen, die Tauben durch Auflesen der Samen in Nadelholzsaatbeeten und bei Saaten im Freien; vermindern auch die Buchel= und Eichelmast.

Zu den **meist=schädlichsten** Forstinsekten werden gezählt: Der Maikäfer, der große und kleine Fichtenrüsselkäfer, der bestäubte Rüsselkäfer, der Fichten= und Weißtannen=Borkenkäfer, der größte Fichten=Bastkäfer und der doppeläugige Bastkäfer, die Blattkäfer, der Kiefernmark= oder Kiefern=Bastkäfer, der zwei= und sechszähnige Borkenkäfer und die verschiedenen Holzkäfer, der Kieferntriebwickler, der Tannen= oder Vollnadelwickler und der Fichtennest= oder Hohl= nadelwickler, die Nonne, der Fichtenrindenwickler, der Kiefern= spinner, der Eichenprozessionsspinner, die Fohreneule, der Kiefern= spanner, die Riesenholzwespe, die Kiefernblattwespe, die Werre (Maulwurfsgrille), die Fichtenbaumlaus, die Lärchennadelwolllaus, die Buchengallmücke, die Buchenblattlaus und die Lärchenminir= motte.

Als Vorbeugungsmittel gegen Insektenschaden dient vor Allem die Reinhaltung der Waldungen von allem kranken Holze (man verhüte deshalb soviel als möglich alle Arten von Be= schädigungen, wie Wind= und Schneebruch und durchforste die Bestände frühzeitig), ferner die Entfernung des gefällten und nicht geschälten Holzes aus dem Walde und nach Umständen gründliche Stockrodung.

Außer vielen Vögeln und Insekten (Schlupfwespen, Ichneu= moniden, Lauf= und Raubkäfer) übt jäher Temperatur= und Witterungswechsel wohlthätigen Einfluß auf Verminderung und Vertilgung der schädlichen Insekten; bei allzugroßer Vermehrung ist menschliche Hilfe unzureichend, es erscheinen dann aber in großer Zahl die Schlupfwespen, welche als Maden schmarotzend in den Leibern anderer Kerbthiere leben und deren Vermehrung in Schranken halten. Alle Waldinsekten lieben insbesondere sonnige, trockene Lagen.

Nähere Beschreibung der meist-schädlichsten Forstinsekten.

Die Maikäfer (Melolontha vulgaris) fliegen im April und Mai alle vier Jahre, in südlichen wärmeren Gegenden alle drei Jahre, sie legen ihre Eier 10—15 Centimeter tief in lockere Erde bei sonniger Lage, die Larven kriechen nach 4—6 Wochen aus und leben von Wurzeln. Am Ende des zweiten oder dritten Sommers geht die Larve tief in den Boden, verpuppt sich im Herbste und kommt im Frühjahr als Käfer aus dem Boden. Der Schaden der Engerlinge in den Baumschulen und auf Fohrenkahlhieben im lockeren Sand ist oft sehr erheblich. Als Larve (Engerling) schadet er durch Abbeißen der Wurzeln der Pflanzen und als Käfer durch Entblättern, insbesondere der Eichen und Ahorne. In den Saatbeeten streut man Laub auf die nackte Erde zwischen den Saatreihen, wodurch die Maikäfer abgehalten werden, ihre Eier in den Boden zu legen.

Die Krähen, Staare, Maulwürfe, Igel, Eidechsen, Schweine vertilgen viele Engerlinge, sonst werden sie durch Umhacken des Bodens unmittelbar vor einem Flugjahre und wenn die Larven möglichst hoch an der Bodenoberfläche sind aufgesucht und zerstört, oder man sammelt und tödtet die Käfer.

Der große und kleine Fichtenrüsselkäfer (der kleine um die Hälfte kleiner, als der große), Curculio pini und Curculio notatus), mit einem mittellangen, dicken Rüssel und dunkelbrauner Farbe, schadet als Käfer durch Benagung der Rinde, namentlich an Stämmchen der Fichten= und Fohrenpflanzen; frißt vom Mai bis zum Herbst und legt dann seine Eier an alte Nadelholzstöcke, besonders gern an die Enden abgehauener Wurzeln, woselbst sich die Brut entwickelt. Zum Vertilgen der Brut legt man Fichtenstangen 50—60 Centimeter tief in den Boden, nimmt solche im August oder September heraus und verbrennt sie. Zur Vertilgung des Käfers selbst werden frische Fichten=Rinden mit der Bastseite nach unten gelegt, Fangkloben und Fangbündel angewendet, oder man isolirt auch die neuen Schlagflächen Mitte August durch Fanggräben. Wenn nicht die Stöcke sorgfältig gerodet werden, dürfen abgeholzte Flächen erst dann wieder aufgeforstet werden, wenn die Rinde an den Stöcken abgefallen ist.

Häufig erscheint auf jungen Kiefern im Mai der bestäubte Rüsselkäfer, Curculio incanus, braun, mit braunen und grauen Schüppchen. Er benagt die Nadeln, schält aber auch die Rinde der jungen Triebe ab. Mittel dagegen: Abklopfen und Sammeln der Käfer im Fangschirm oder Zerstören des in der Bodendecke überwinternden Käfers.

Die Borkenkäfer (Bostrichidae), Fichten und Weiß= tannenborkenkäfer (Bostrichus typographus und Bostrichus curvidens), schwarzbraune Käfer, bei denen Kopf= und Halsschild weniger kürzer als der ganze übrige Leib ist, fliegen schon mit Ausbruch des Buchenlaubes, begatten sich, und bohren die Weibchen Löcher durch die Rinde bis zum Bast, machen hier Gänge und legen ihre Eier ab. Nach Ablegen der Eier kriecht der Käfer aus dem Stamm. Die Larven schlüpfen nach 14 Tagen aus, fressen in der Basthaut immer größere Gänge, zerstören dadurch die Bastschicht, verpuppen sich in der Rinde, und die fertigen Käfer bohren sich durch die Rinde ins Freie. In 8—12 Wochen ist die ganze Entwicklung vollendet.

Häufig erscheint bei günstiger Witterung gegen den Herbst noch eine doppelte Generation, in der Regel aber bleibt es bei der bloßen Ausbildung der zweiten Brut zur Larve, welche dann mit den sich bildenden Käfern unter der Rinde überwintert, im Mai ausflieget und den Fortpflanzungsprozeß erneuert.

Die Nadeln der vom Borkenkäfer befallenen Bäume werden vom Gipfel aus zuerst gelb, dann roth, und fallen endlich ab. Die Rinde zeigt Bohrlöcher wie von kleinen Schroten, es findet sich Wurmmehl, die Rinde fällt ab und der Baum wird dürr. Uebrigens bemerkt man an der Rinde alter Fichten auch sonst oft kleine Löcher und auch Wurmmehl, die nicht vom Borkenkäfer, sondern von einem Nagekäfer herrühren, und nicht bis zum Bast gehen, daher auch nicht schädlich sind. Durch rechtzeitige (April) und öfters zu wiederholende Fällung von sogenannten Fangbäumen und Entrindung derselben 4—5 Wochen nach der Anbohrung durch den schwärmenden Käfer, d. h. bevor die ersten Puppen sich zeigen, dann durch Fällung und Entrindung der vom Borken= käfer befallenen Fichten und Weißtannen selbst, durch Verbrennung der Rinde bei vorgerückter Entwicklung der Brut kann dem Ueberhandnehmen des Borkenkäfers vorgebeugt werden. Beim Verbrennen der Rinde sind auch die umherliegenden Aeste mit zu verbrennen.

Am Fuße der Fichtenstämme über den Wurzeln zeigt sich häufig Hylesinus micans, der größte Fichtenbastkäfer, schwarzbraun bis braungelb, ist auch durch sehr derbe, kantig-gerandete Fluglöcher kenntlich. Mittel dagegen: Fällen und Roden der Stämme und Wurzeln, Verbrennen des brutbesetzten Materials.

Oefters erscheint in älteren und jüngeren Fichtenbeständen ein winziger brauner Käfer, der doppeläugige Bastkäfer (Polygraphus pubescens Er), dessen Gänge im Baste liegen und denen des Bostrichus curvidens gleichen, der ganze Horste zum Absterben bringt. Entrindung der befallenen Stämme und Verbrennen der Rinde.

Die Blattkäfer (Chrysomelidae), als: Pappel-, Erlen-, Birken-, Eichenblattkäfer, fliegen im Mai und Juni, legen ihre Eier in die Blätter ab, und es fressen die Larven auf der Oberfläche der Blätter, wodurch solche dann braun und zum Theil zerstört, gleichsam skelettirt werden.

Der Kiefernmark- oder Kiefernborken- auch Kiefernbastkäfer (Hylesinus piniperda) oder Waldgärtner genannt, hat etwas längeren Vorderleib als die Fichten- und Weißtannenborkenkäfer.

Derselbe legt im April seine Brut in frisch gefällte Kiefern oder in Kiefernklafterholz, seltener in stehende Bäume und dann an das untere Stammende. Die auskommenden Larven gehen zur Verpuppung in die Rinde, und ist im Juli und August die Entwicklung vollendet. Meist schon Mitte Juli verlassen die ausgebildeten Käfer ihren Geburtsort. Die Käfer bohren in die Kieferntriebe, fressen die Markröhre der Zweige aus und überwintern in der Rinde der Stöcke oder am Fuße des stehenden Holzes bis zur Schwärmezeit. Er schadet daher als Larve (Motte) durch Zernagen der Rindenbastschichten, und als Käfer durch Ausfressen des Markes in der Spitze der Triebe. Alte Stämme verlieren durch den Waldgärtner an der Krone oft so viele Triebe, daß diese ihre gewölbte Form verliert und endlich wipfeldürr wird.

Um die Vermehrung des Waldgärtners zu verhindern, ist frisch=
gefälltes Kiefernholz aus der Nähe der Waldungen zu entfernen
oder zu entrinden, ebenso kranke Kiefernstämme und die ange=
bohrten Wurzelstöcke. Das Zerstören der Brut geschieht durch
Legen von Fangbäumen wie beim Borkenkäfer. Neben dem
Hylesinus piniperda tritt in der Regel auch Hylesinus minor,
mit braunen Flügeldecken auf.

Unter die kleinsten Borkenkäfer zählt der zweizähnige Borken=
käfer Bostrichus bidens, welcher sich in die obersten Gipfeltheile
und bis in die geringsten Aeste der Föhren einbohrt, seine Gänge
im Splinte und im Holze macht und in kurzer Zeit die befallenen
Stämme vom Gipfel herab tödtet. Häufig zeigt sich in seiner
Gesellschaft der kleinste Kiefernbastkäfer, Hylesinus minimus. Mittel
dagegen: Verbrennen der befallenen Gipfeltheile und Stämmchen
oder Entrinden und Verbrennen der Rinde.

Schwächliches bereits krankes Fichtenholz mit dünner
Rinde wird häufig auch von dem sechszähnigen Borkenkäfer,
Bostrichus chalcographus, befallen, insbesondere wenn Be=
schädigungen des Fichtenrindenwicklers vorhergegangen sind.

Wenn auch nicht das Leben des Baumes, so wird
doch der Nutzwerth verschiedener Laubhölzer, namentlich
der frisch gefällten, sehr beeinträchtigt durch das Befallenwerden
von Holzkäfern, indem die Mutterkäfer und die auskommenden
Larven dem Holze durch die Muttergänge und Fraßhöhlen nicht
unerhebliche Verletzungen zufügen. Hierher gehört der Eichenholz=
käfer oder kleiner schwarzer Wurm genannt, Bostrichus mono-
graphus, ein kleiner röthlich brauner behaarter Käfer, der das
Eichenholz oft nach allen Richtungen durchlöchert. Ferner der
gestreifte Holzkäfer, Bostrichus lineatus, kleiner als typographus,
sehr dickwalzig eiförmig mit breiten dunklen Längsstreifen, der
zwar gesundes Holz meidet, dagegen in altem bereits kränkelndem
sowohl Nadel= und Laubholz vorkommt und solches oft wie ein
Sieb durchlöchert. Mittel dagegen: Verbrennen oder Verkohlen
der verwendeten Fangbäume.

In jungen Eichenheistern, die er rasch tödtet, dann auch
in Erlen, Buchen, Ahorn taucht oft ein kleiner, meist tief=

schwarzer kugeliger Käfer, der ungleiche Holzkäfer, Bostrichus dispar, auf und richtet erheblichen Schaden an. Mittel dagegen: Verbrennen der befallenen Stämmchen. Sonst durchnagt auch die große Larve des Eichenbockkäfers, Cerambyx heros, der große Wurm genannt, in allen Richtungen das Eichenholz und verursacht die Larve eines anderen Bockkäfers, Cerambyx luridus oder Callidium luridus, namentlich im Ahornholz förmliche Hackengänge. Durch Fangen der Käfer am Abend beim Schwärmen kann ihre Vermehrung beschränkt werden.

Sämmtliche im Raupenzustand schädlichen Insekten schaden bei ihrer großen Gefräßigkeit durch Abfressen der Blätter und Nadeln, wie dies bei den nachstehenden der Fall ist. Allgemeine Mittel dagegen sind: die Schonung der von den Insekten lebenden Vögel (Kukuk, Meisen, Staaren, Eulen), Sammeln der Eier, Tödten der Falter, Puppen und Raupen, namentlich der Weibchen, Schweineeintrieb, Mischung von Laub= zwischen Nadelholz, Verbrennen der Bodenstreu.

Der Kiefern= oder Kieferntriebwickler (Phalaena Tortrix Buoliana) legt theils im Juni in die Knospen oder Quirle der jungen Kiefern, theils unter denselben seine Eier ab, die auskommende Brut zerfrißt die Knospentriebe, wodurch die unter dem Namen „Posthorn" bekannte Stammkrümmung entsteht, hält sich den Winter über in den Knospen und frißt besonders stark in den Maitrieben, verpuppt sich und im Juni fliegt wieder der Falter. Letzterer ist rothgelb, mit silbergrau gestreiften Flügeln; sie schwärmen besonders am Abend in den Monaten Juni und Juli um die Krone der neuen Triebe. Die Räupchen sind sehr klein und schmutzigbraun. Mittel dagegen: Abschneiden der befallenen Triebe.

Der Tannen= oder Vollnadelwickler (Phalaena Tortrix histrionana), Kulturverderber wie hercyniana, kommt aber auch noch in 40—50 jährigen Tannenbeständen wie auf Fichten vor, fliegt im Juni oder Juli und legt alsbald seine Eier ab. Die Raupe erscheint im August oder September, frißt die Nadeln der jungen Triebe oder höhlt die Nadeln aus, spinnt dieselben zusammen und erstickt sie dadurch.

Sie überwintern an der Erde unter Moos und Streu und verpuppen sich im Juni in den Gespinnsten, wie in Gardinen.

Der Falter ist graubraun marmorirt, mit schwarzen oder weißen Fleckchen. Das Räupchen ist grün. Neben Aufsuchen und Tödten der Räupchen werden zur Vertilgung auch die von Puppen und Larven bewohnten Gänge mit Messern ausgekratzt.

Der **Fichtennest**= oder **Hohlnadelwickler** (Phalaena Tortrix hercyniana) umschwärmt als Schmetterling in Mai=abenden die jungen Fichten, legt seine Eier ab, und es erscheinen im August die Raupen an den Fichtentrieben, welche mehrere Nadeln zu einem Nestchen verspinnen und die Nadeln ausfressen.

Im Spätherbst lassen sich die Raupen an Fäden zur Erde nieder, verpuppen sich unter dem Moos und fressen also im nächsten Jahre nicht mehr.

Die Falter sind braungrau und weißlich gefleckt, die Raupen grünlich=braun. Gegen letztere beide Wickler wird auch Feuer angewandt, indem man den Bodenabraum verbrennt, doch werden auch die kranken Stämmchen ausgeastet oder ganz ausgehauen.

Der **Fichtenrindenwickler**, Phalaena Tortrix Grap-tolitha (früher dorsana genannt) richtiger pactolana; Räupchen gelblich oder röthlichweiß, Falter schwarzbraun mit weißer Zeichnung in der Mitte der Flügel. Im Juni oder Juli legen die Falter die Eier an die Quirle der jungen Fichten, wo bald die Räupchen auskriechen, sich einbohren, Gänge im Bast an dem Stämmchen herum machen und die befallenen Triebe oder auch nach und nach das ganze Stämmchen tödten. Mittel dagegen: Antheerung der von der Brut besetzten Stellen im Frühjahre vor Ausschlüpfen des Falters oder Ausreißen und Verbrennen der befallenen Stämmchen. In Verbindung mit den Beschädigungen dieses Wicklers steht häufig das Auftreten des Fichtenrindenpilzes.

Die **Nonne** (Phalaena bombyx monacha) fliegt im August, legt die Eier an der Rinde der Stämme ab, und die Raupen erscheinen Ende April oder Anfangs Mai des nächsten Jahres, verpuppen sich im Juli, und fliegt der Schmetterling im August wieder. Die Nonne frißt auf allen Waldbäumen, am liebsten aber auf Fichten und Kiefern; die Nadeln der ersteren verzehrt sie ganz, jene der Föhre beißt sie in der Mitte durch und frißt den Stumpf. Frische, stiellose, am Boden liegende Blätter oder frische Nadelspitzen verrathen die Anwesenheit der Nonnenraupen in den Wipfeln der Bäume. Der Falter hat rosenrothe Querbinden am Hinterleibe und mit weißen und schwarzen Zickzackstreifen gezeichnete Vorderflügel. Die Raupe ist meist röthlichgrau, stark behaart, mit dunkler Rückenbinde. Die Puppe ist dunkelbraun, mit langen Haarbüscheln versehen.

Der Kiefernspinner oder die große Kiefernraupe (Bombyx Pini) fliegt im Juli, legt die Eier an die Rinde, die Raupen erscheinen nach 2 bis 4 Wochen, fressen bis zum Spätherbste die Nadeln der Kiefer von oben bis zur Scheide ab und überwintern im Moos, steigen im April wieder auf die Bäume und verspinnen sich im Juni an Nadeln und Zweigen. Der Schmetterling ist bräunlich-grau, sehr groß, mit schneeweißen Halbmondflecken an den Vorderflügeln. Die Raupe ist leicht kenntlich an den stahlblauen, behaarten Nackeneinschnitten. Durch rechtzeitige Anbringung von Raupenleim, Theerringen können die Raupen vom Besteigen der Bäume abgehalten werden. Insbesondere vertilgt der Kukuk viele Raupen des Kiefernspinners und des Eichenprozessionsspinners.

Der Eichenprozessionsspinner (Bombyx processionea) fliegt im Juli, legt die überwinternden Eier an die Eichenrinde, im Mai erscheinen dann die Raupen und fressen in Familien miteinander aber meist bei Nacht und häufig die Blätter der Eichen ganz kahl ab. Im Juli findet die Verpuppung in Astgabeln statt. Der Falter ist schmutzig braungrau, mit hellen und dunklen Binden; die Raupe ist bläulich-grau mit röthlich-grauen Wärzchen und sehr lang, weißlich behaart. Die Raupen bringen auch Nachtheil für die Gesundheit der Menschen und Thiere, wenn die langen Haare derselben in das Innere thierischer Körper gelangen.

Die Föhren- oder Forleule (Phalaena Noctua piniperda) fliegt im April beim Schnepfenstrich, belegt die Nadeln der Kiefern mit Eiern, im Mai fressen bereits die Räupchen und im August gehen sie zur Verpuppung ins Moos. Der Falter ist bläulich-braunroth, die Raupe grün mit weißen Längsrückenstreifen.

Der **Kiefernspanner** (Phalaena Geometra piniaria) fliegt im Juni beim stärksten Sonnenschein, die Räupchen erscheinen im Juli und August und befressen den Rand der Kiefernnadeln, im Oktober gehen sie unter das Moos zur Verpuppung. Als Falter sind die Männchen gelb gefleckt, die Weibchen braunroth. Die Raupe ist grün, weiß und seitwärts gelb gestreift, mit grünem Kopf.

Die **Riesenholzwespe** (Sirex gigas), welche in der Regel als Larve (Afterraupe) 2—3 Jahre im Holzkörper lebt, schadet durch Zerstören der Bastschicht und durch ihre Fluglöcher dem Holze, fliegt im Juni und legt ihre Eier in den Splint stehender oder liegender Hölzer, namentlich in von Pechlern angelachte oder vom Wilde geschälte Fichten und Tannen, die Larven bohren tief ins Holz und verpuppen sich in Kanälen, aus welchen sich die Wespen nach zwei Jahren, oft erst aus Brettern und Möbeln, herausarbeiten. Eine kleinere Holzwespe, die Kiefernholzwespe, befällt nur Kiefernstangenhölzer.

Die **Kiefernblattwespe** (Tenthredo Pini), fliegt im Jahre zweimal, im April oder Mai und im August oder September, die auskommenden Larven (Afterraupen) fressen bis Herbst, über= wintern im Moos in Cocons und verpuppen sich im März; die Raupe ist grün wie die Nadeln selbst. Die Wespe legt ihre Eier in die Nadelkanten und ist im Raupenzustand durch Fraß der Kiefernnadeln sehr schädlich.

Die sogenannten **Eichenknoppern** sind Auswüchse auf der Frucht der Stieleiche, veranlaßt durch die Stiche einer Gall= wespe beim Eierlegen; die Galläpfel entstehen ebenfalls durch den Stich einer Gallwespe an den jungen Zweigen und Blattstielen.

Die **Werre** (Gryllus Gryllotalpa) oder Maulwurfsgrille richtet häufig in den Saat= und Pflanzenbeeten durch Abreißen und Abbeißen der Wurzeln der Pflänzlinge großen Schaden an, vertilgt aber auch viele Würmer, Raupen und Puppen. Mittel dagegen: Fangen in Töpfen, Zerstörung der Nester, Schonung der Maulwürfe.

Von der sogenannten **Fichtenbaumlaus** leiden häufig die Triebe der jungen Fichten durch die zahllosen Stiche und den dadurch bewirkten Saftverlust. Mittel dagegen: Abschneiden der Zweige und Triebe, sobald sich solche knieförmi biegen.

Von der Lärchennadel=Woll=Laus, Chermes laricis, leiden dagegen die Lärchennadelbüschel, indem die angestochenen Nadeln an den betreffenden Stellen knicken. Mittel dagegen: Abschneiden und Verbrennen der am stärksten befallenen Zweige.

Die Buchen=Gallmücke und Buchenblattlaus stört die Functionen des Blattes, erstere durch die Gallenauswüchse, letztere durch Aussaugen des Blattes, wodurch sich solches zusammenrollt.

In neuester Zeit macht sich auch die Lärchenminirmotte an alten und jungen Lärchen (Tinea laricella) immer mehr bemerklich. Es fliegt diese Motte im Mai oder Juni und legt ihre Eier einzeln an die Nadeln der Lärchen ab. Die Raupen erscheinen im Juni oder Juli und fressen sich alsbald in die Nadeln hinein, durch welche man sie durchschimmern sieht. Im September sind die Nadeln gelb. Die Räupchen überwintern in Säckchen an den Triebspitzen oder Zweigen und verpuppen sich im Mai in diesen Säckchen, aus denen nach 2—3 Wochen das Mottchen wieder erscheint. Der Schmetterling und die Raupe ist sehr klein und einfarbig dunkelbraun. Am meisten leisten zur Vertilgung die Meisen.

Nach den neueren Beobachtungen Eichhoffs machen die meisten schädlichen Borken= und Rüsselkäfer in einem Jahre eine doppelte Generation durch, daher gegen beide Fangbäume von März=April bis in den Herbst hinein zu legen sind.

Forstschutz gegen schädliche Gewächse.

Gewächse werden den Waldungen dadurch schädlich, daß sie den Boden so überdecken, daß dadurch die Besamung verhindert wird; ferner durch Verfilzung des Bodens mit ihren Wurzeln, durch Ueberwachsen und Unterdrücken der jungen Pflanzen; dadurch, daß sie den Mäusen Aufenthalt gewähren, und daß sie nicht nur die nächtliche Abkühlung des Bodens und damit die Thaubildung, sondern auch häufig verhindern, daß bei trockenem Jahrgang die wässerigen Niederschläge dem trockenen Boden zu Gute kommen, abgesehen davon, daß sie dem Boden ohnehin schon sehr viel Wasser und eine beträchtliche Quantität mineralischer Nährstoffe entziehen. Unter die schädlichsten Forstunkräuter rechnet man: Haide, Heidelbeere, Preißelbeere, Rausch=

beere, Besenpfrieme, Brombeerstrauch, Himbeere, Binsen, Strauß=
gras, Farren, Torfmoos, Widerthon mit seinen nadelartigen
Blättern.

Vertilgungsmaßregeln sind vor Allem: Unterhaltung eines
ununterbrochenen Bestandsschlusses und einer Bodendecke. Sind
solche bereits vorhanden, so kann nur durch Ausschneiden, Aus=
hauen vor der Samenreife, Verbrennen (Schlagpflege) des Un=
krauts und durch raschen Wiederanbau der Flächen mittelst Pflan=
zung und bei nassem Boden mittelst gründlicher Entwässerung
geholfen werden. Bei der Schlagpflege sind aber gleichzeitig
neben der Aspen= und Sahlweidenbrut auch die etwa vorfind=
lichen großen. und kleinen Sträucher durch Aushauen zu entfernen.
Aspen und Sahlweiden sind sehr lichtbedürftig, verdrängen andere
Holzarten in der Jugend, gehen aber später ein und veranlassen
dadurch Bestandslücken.

Forstschutz gegen Naturereignisse.

Hierher gehören die Beschädigungen durch Kälte, Hitze, Wind,
Schnee, Duft, Glatteis (Eisbruch) und Wasser.

Bei hohen Kältegraden entstehen im älteren Holze Frost=
oder Schaftrisse, selten werden die Bäume getödtet, im jungen
Holze schadet die Kälte hauptsächlich nur bei nassem Boden durch
Lockern desselben und Heben der jungen Pflanzen. Man unter=
scheidet Spät= und Frühfröste. Sie treten hauptsächlich in der
Nähe von Sümpfen, Gewässern und tiefen Lagen auf und werden
bewirkt durch das Auflegen kalter Dünste, namentlich bei hellem
Himmel und niederem Thermometerstand, in die dem Luftzuge
verschlossenen Einsenkungen und resp. durch die dadurch her=
vorgerufene Abkühlung der Holzpflanzen unter 0°. Bei be=
wölktem Himmel werden die von den Pflanzen abgegebenen
Wärmestrahlen durch die Wolken reflectirt; daher sich die Pflan=
zen nicht bis zu 0° erkälten. Wie die Wolken wirkt die Baum=
krone und das Bedecken der jungen Pflanzen mit Stroh, Reisig
2c., wie auch unter dem Schutze der Mutterbäume die jungen
Pflanzen vor dem Erfrieren geschützt sind. Der Schaden bei
Spät= und Frühfrösten ist ein und derselbe und besteht darin,

daß die Blätter welk und schwarz und die noch nicht verholzten jungen Triebe beschädigt oder ganz zerstört werden. Gegen Spät= wie Frühfröste wird Einpflanzung von schützenden Holzarten em= pfohlen, Entwässerung nasser Stellen, Pflanzung statt der Saat, namentlich von Holzarten, die nicht vom Froste leiden, wie Kiefer und Birke; Verjüngung der Bestände durch allmähligen oder plänterweisen Abtrieb des Holzes. Die Frühlings= oder Spät= fröste sind schädlicher als die Herbst= oder Frühfröste; am liebsten erfrieren junge Buchen=, Fichten= und Weißtannen=Pflanzen.

Die Hitze schadet nicht nur dem keimenden Samenkorn und den kleinen, zarten Pflänzchen, sondern auch größeren Bäumen durch Absprengen der Rinde bei plötzlicher Freistellung der Bäume (Sonnenbrand). Der Beschädigung durch Hitze wird Einhalt gethan durch Bedeckung der Saaten mit Reisig und bei älteren Beständen durch Erhaltung guter Waldmäntel.

Der Wind schadet durch Werfen und Absprengen der Bäume. Die meisten Winde kommen von Westen, daher Schlagführung von Osten nach Westen. Mittel dagegen: Erziehung von ge= mischten Beständen, dann von Holzarten, welche Pfahlwurzeln haben.

Schneedruck kommt am meisten in jungen und mittleren Nadelhölzern, besonders in höheren Lagen bei Kiefern vor. Mittel dagegen sind: frühe Durchforstungen und in Lagen, wo viel Schneedruck zu befürchten, Pflanzung statt der Saat, dann Erziehung gemischter Bestände.

Häufig hängen sich die in der Luft befindlichen Dünste in solcher Menge an die Bäume in gefrorenem Zustand (Duft und Glatteis), daß die Zweige brechen. Freistehende Bäume leiden hierunter am meisten, zu geschlossen stehende vom Schneebruch. Es sind deshalb Bestände, bei welchen mehr vom Duftbruch zu befürchten, geschlossen, jene, bei denen mehr vom Schneebruch zu befürchten ist, weniger geschlossen zu halten.

Beschädigungen durch Wasser entstehen entweder durch stehen= des oder fließendes Wasser. Das stehende schadet durch Ver= sumpfung und Versäuerung des Bodens und da ist nur durch Entwässerung zu helfen. Das fließende Wasser schadet durch

Wegreißen des Bodens, Ueberdecken des Bodens mit Sand und Steinen und dadurch, daß das junge, länger im Wasser stehende Holz verdirbt. Mittel dagegen sind: Erbauung von Schutzdämmen, gut angebrachte Ufer= und Dammbauten, Bepflanzung der Ufer mit Weiden und Erlen, Offenhalten der Flußbeete und Bäche.

Die Waldbrände theilt man nach der Art ihrer Verbreitung in Boden= und Gipfelfeuer ein. Maßregeln zur Löschung eines entstandenen Brandes sind: Ausschlagen des Feuers mit zusammen= gebundenem Reisig, Abräumung eines 2—3 Meter breiten Boden= streifens von allen brennbaren Stoffen, Ziehung von Gräben in einiger Entfernung vom Feuer; bei Gipfelfeuer: Durchhauungen von 10 m Breite, Anzünden von Gegenfeuern. Durch Ueber= wachen der Waldungen, namentlich in Beziehung auf Feueran= machen, Verbot des Rauchens bei trockener Witterung, Fern= haltung von Ansiedlungen in der Nähe des Waldes ist den Wald= Bränden vorzubeugen.

Bemerkung: Ueber die Krankheiten des Holzes und die Mittel dagegen, ferner über Forstschutz in Beziehung auf Wald= gräserei, Streuentnahme, Leseholzsammeln ⁊c. vide bei den ein= schlägigen Kapiteln der Forstbenutzung.

III. Forstbenutzung.

Die Forstbenutzung handelt vom Verbrauch oder von der Benützung der Waldprodukte in unverarbeitetem Zustande, sie be= faßt sich daher mit der zweckmäßigsten Gewinnung, Formung und Verwerthung der Forstprodukte.

Die Forsttechnologie handelt von der Art und Weise der weiteren Verarbeitung dieser Produkte. Das Holz wird als Haupt= nutzung, die übrigen Erzeugnisse des Waldes werden als Neben= nutzung bezeichnet.

A. Hauptnutzung.

Holz: 1. Von den Eigenschaften des Holzes.

Bei den Eigenschaften des Holzes kommt in Betracht: Härte, Schwere, Brennkraft, Spaltbarkeit, Zähigkeit, Festigkeit, Wasser=

aufsaugungsfähigkeit, Elastizität, Werfen, Reißen, Schwinden, Farbe des Holzes.

Diese Eigenschaften wechseln nach der Holzart, nach dem Baumtheil (Stammholz zu Nutzholz tauglicher als Astholz und Wurzelholz), nach dem Standort, dem Alter, der Fällungszeit und der Aufbewahrung des Holzes.

Unter Härte des Holzes versteht man den Widerstand, den es auf die Einwirkung schneidender oder drückender Instrumente ausübt; sie wechselt nach der Holzart und dem Trockenheitsgrade des Holzes. Härteste Holzart: Cornelkirsche, Schwarz= und Weiß=dorn, Hornbaum; weichste: Weide, Linde, Aspe, Pappel. Je langsamer das Holz wächst, d. h. je dichter die Holzfasern, desto härter dasselbe. Je weniger trocken ein Holz ist, desto weicher ist es, daher das in der Saftzeit geschlagene Holz weniger hart, als das zur Winterszeit geschlagene; je trockener, desto besser.

Unter Schwere versteht man das Gewicht des Holzes. Unter spezifischem Gewicht versteht man das Verhältniß der Schwere zum Volumen oder die Zahl, welche angibt, wie viel-mal ein Körper schwerer ist, als eine gleich große Menge Wassers. 1 cdm = 1 l Wasser wiegt 1 kg. Spezifisches Gewicht des Eisens = 7,8; daher 1 cdm Schmiedeeisen 7,8 kg wiegt; ab=solutes Gewicht: Schwere des Körpers ohne Rücksicht auf sein Volumen. Die Schwere des Holzes ist abhängig von der mehr oder weniger starken Anfüllung der Holzzellen mit Saft, Wasser oder Harz und von der Dichtigkeit des Holzes, letztere von der größeren oder geringeren Menge der Holzfasern. Je enger die Holzfasern, desto schwerer ist das Holz; daher älteres, im kälteren Klima, in hoher Lage erwachsenes Holz schwerer ist, als das in entgegengesetzter Lage erwachsene. Im Uebrigen ist das Sommer-holz eines Jahresrings stets dichter, daher auch schwerer, als das porösere und deßhalb leichtere Frühlingsholz; breitringiges Eichenholz, Ulmenholz ꝛc. mit vielem Sommerholze, wie das Eichenholz der milden Rhein= und Donau=Ebene, ist daher schwerer und dauerhafter, als engringiges Holz mit viel porösem Frühjahrsholze.

Unter Brennkraft versteht man die Fähigkeit, eine bestimmte nutzbare Wärme zu erzeugen; sie wechselt nach der Holzart. Die Brennkraft des Holzes verhält sich annähernd, wie das Gewicht desselben im trockenen Zustande. Als Maßstab für den Brennholzwerth aller Holzarten wird das Buchenholz = 100 angenommen und darnach wird die Brennkraft der anderen Holzarten bestimmt. Der Brenngüte nach folgen die Holzarten also: Ahorn, Weißbuche, Rothbuche, Eiche, Birke, Kiefer, Fichte, Weide und Pappeln, so daß Ahorn 114%, Fichten 70 und Pappeln circa 50% Brennkraft ausweisen. Altes und langsam aus- und aufgewachsenes Holz ist von besserer Brennkraft, als junges, unreifes und schwammiges. Vor allem hat auf die Brennkraft auch Einfluß der Standort. Vermindert wird die Wärmefähigkeit des Holzes durch Flößen, Absterben auf dem Stocke, durch Faulen und Verstocken. Geflößtes Holz besitzt eine größere Dauerhaftigkeit, als ungeflößtes, weil durch die Wirkung des Wassers die zersetzbaren eiweißartigen Stoffe zum Theil verloren gehen, dagegen hat es eine geringere Heizkraft, indem es durch das Wasser eine physikalische Veränderung erleidet, es wird poröser und daher spezifisch leichter als ungeflößtes; man braucht vom ungeflößten Fichtenholze 100 Volumentheile, vom geflößten aber mindestens 109, um eine gleiche Wärmemenge zu erhalten, ja es kann geflößtes Holz nach Umständen bis zu 20% an Heizkraft verlieren. Des schnelleren Austrocknens halber wird aber auch Bauholz nicht länger im Wasser liegen gelassen als durchaus nöthig.

Unter Zähigkeit versteht man die Eigenschaft des Holzes, nach welcher sich dasselbe in seinen einzelnen Theilen verschieben läßt, ohne daß der Zusammenhang aufgehoben wird, und es ist im Allgemeinen insbesondere das Wurzelholz zäher, als das Stammholz; gesundes, junges Holz zäher, als krankes und altes. Auf trockenen Böden wird das Holz zäher, als auf nassen. Junge Ruthen von Haseln, Birken, Korbweiden sind zähe.

Unter **Festigkeit** des Holzes wird die Widerstandsfähigkeit desselben gegen Zerbrechen, Zerdrücken und Zerreißen verstanden. Der Druck kann entweder auf die Mitte eines Holzstückes, oder

senkrecht auf solches (als Säule) oder spiralförmig über die Oberfläche, wie z. B. bei Mühlwellen, wirken. Die Festigkeit des
Holzes hängt von der Menge, von der Beschaffenheit und von
der Verbindungsart der Holzfasern ab. Im Allgemeinen wird
angenommen, daß harte Hölzer die festesten sind. Umfassende Ver-
suche über die Festigkeit und Elastizität der Hölzer können nur
durch die Werderische Maschine angestellt werden, wobei der Standort, lichtere und dunklere Stellung des Holzes von großem Einfluß auf die Festigkeit sich zeigen werden.

Unter Elastizität versteht man diejenige Eigenschaft des
Holzes, vermöge welcher dasselbe, wenn eine darauf wirkende
Kraft beseitigt wird, die vorige Lage wieder einnimmt. Hängt
ab von Holzart, Alter und Trockenheitszustand des Holzes.
Nadelhölzer sind am meisten elastisch, wie Eibe, Fichte und Lärche;
Erle und Eiche am wenigsten. Das Holz im höheren Alter ist
weniger elastisch, als das im mittleren Alter; trockenes Holz immer
mehr elastisch als grünes.

Unter Spaltbarkeit versteht man diejenige Eigenschaft
des Holzes, nach welcher sich dasselbe mittelst eines Keiles in
der Richtung seiner Längsfasern theilen läßt. Sie ist verschieden
nach Holzart, nach Baumtheil und Alter des Holzes, nach Wuchs
und Gesundheitszustand. Gut lassen sich spalten: die Eichen,
Buchen und Nadelhölzer. Schlecht: Pappeln und Weißbuchen.
Gleichmäßig gewachsene Holzarten sind besser spaltbar, als un-
gleichmäßig gewachsene, oder solche mit Astverbreitung; älteres
Holz spaltet besser als jüngeres; in der Saftzeit gehauenes besser
als im Winter gefälltes. Die Spaltbarkeit der Stämme läßt
sich an einer glatten Rinde mit senkrecht verlaufenden Rissen
erkennen.

Unter Wasseraufsaugungsfähigkeit versteht man die
Eigenschaft des Holzes, mehr oder weniger Wasser in sich aufzunehmen. Sie hängt insbesondere von der Zeit der Fällung ab.
Bei Wasseraufnahme quillt das Holz auf, es schwillt, es dehnt
sich aus, während bei Wasserabgabe dasselbe schwindet, sich zusammenzieht. Das im Sommer geschlagene und geschälte Holz
trocknet vollständiger aus, als das im Winter gefällte und un-

geschälte. Im Sommer geschlagene Hölzer mit breiten Jahres=
ringen schwinden mehr, als im Winter gefällte und solche mit
engen Jahresringen. Im Allgemeinen schwillt und schwindet das
Laubholz stärker, als das Nadelholz.

Das Werfen entsteht, wenn Bretter an einer Stelle schneller
austrocknen als an einer andern (wo sie schneller trocknen, ziehen
sie sich schneller zusammen), oder wenn das Holz ungleichförmig
quillt.

Das Reißen entsteht, wenn entweder durch die Kälte die
äußern Jahresringe stärker zusammengezogen werden, als die
innern (Frostrisse), oder wenn der äußere Rand durch rasches
Austrocknen schneller sich zusammenzieht, als der innere Holz=
körper. Durch langsames Austrocknen des Holzes in der Rinde
(Anplätten) wird das Reißen vermindert.

Bezüglich der Textur des Holzes unterscheidet man fein=
und grobfaseriges, kurz= und langfaseriges Holz; man bezeichnet
aber auch den Farbenwechsel des Holzes mit Textur (Gewebe,
welches von der Anordnung der Holzfasern (Holzzellen) im Holz=
körper abhängt; bei wellenförmigem Verlaufe der Holzfasern ent=
steht der sogenannte Maserwuchs.) Die Farbe ist wichtig bei Be=
arbeitung des Holzes (Möbel). Taxus, Eiche, Erle, Nußbaum
haben eine schöne dunkle, Linden und Ahorn eine schöne weiße
Farbe.

Die Dauer des Holzes, d. h. das Verbleiben in unverdor=
benem Zustand ist verschieden nach Holzart und Lage; sie hängt
ab vom Standort, der Fällungszeit, vom Alter und der Gesund=
heit des Stammes. Im höheren Alter, bei zu hoher Umtriebs=
zeit, treten Zersetzungen des Holzes besonders häufig auf, die
harzreichen Nadelhölzer besitzen größere Dauer als manche schwere
Hölzer, wie Buche rc., armer Boden erzeugt dauerhafteres Holz,
als sehr frischer, das Holz der Hochalpen ist dauerhafter, als
solches in Tieflagen. Das im Dezember gefällte Holz besitzt die
größte Dauerhaftigkeit und namentlich auch die größte Tragkraft.
Durch Schälen der Bäume, durch Ueberstreichen mit Theer, durch
Ankohlen, durch Versenken in Wasser, durch Anstreichen mit
Creosot, durch Imprägniren mit Karbolsäure oder Chlorzink oder

durch Cyanisiren mit Quecksilbersublimat (einer Quecksilberlösung, in welche das Holz mehrere Tage gelegt wird) sucht man die Dauer des Holzes zu vermehren, wobei jedoch vorausgesetzt ist, daß bei Anwendung dieser Substanzen stets nur völlig ausgetrocknetes Holz zur Verwendung kommt. Linden, Aspen und Weiden verderben im Wasser sehr schnell; das Holz der Eiche und Kiefer wird im Wasser immer härter.

In die Erde eingegraben erhalten sich Kiefer, Fichte, Tanne, Lärche, Eiche, Akazie am besten; Ahorn, Erle, Linde, Pappel am schlechtesten. Luft und Feuchtigkeit tragen zur Zerstörung des Holzes bei, besonders bei öfterem Wechsel zwischen beiden. Wenn Holz beständig im Wasser ist, wo keine Luft zudringen kann, unterliegt es viel weniger der Fäulniß. Im Trocknen ist das Holz um so dauerhafter, je vollkommener es von seinen Safttheilen befreit, d. h. ausgetrocknet ist; Splintholz ist weniger dauerhaft, als Kernholz. Vollkommen trockenes Holz hält sich am längsten, wenn es wiederholt in heißen Steinkohlentheer eingetaucht wird.

Einen wesentlichen Einfluß auf die wichtigsten technischen Eigenschaften der Hölzer, namentlich der Härte, Festigkeit, Heizkraft, Widerstandsfähigkeit hat die schwächere oder stärkere Verholzung der Holzzellen und Gefäße, welche wiederum von der Einwirkung des Sonnenlichts oder stärkerem oder geringerem Bestandsschlusse abhängt; ein im freieren Stande erzogenes Holz ist härter und fester, als ein im dichten Stande erzogenes und widersteht der Fäulniß mehr.

2. Von den Krankheiten des Holzes.

Die Krankheiten des Holzes können eingetheilt werden in Krankheiten a) mechanischen, b) physiologischen Ursprunges. Zu den Krankheiten mechanischen Ursprunges gehören: der Sonnenbrand, die Frostrisse, Kernschäligkeit, Wurzelrost und Wurzelbrand.

Zu denen physiologischen Ursprungs gehören: Saftfluß, Baumkrebs, Stockfäule, Wurzelfäule, Roth- und Weißfäule, Gipfeldürre.

Ursachen dieser Krankheiten. a) mechanischen Ursprungs: **Sonnenbrand** entsteht, wenn bisher in Schutz gestandene Bäume plötzlich freigestellt und der Einwirkung der Sonne und des Frostes preisgegeben werden, wodurch die Rinde des Stammes an der Sonnenseite austrocknet und abspringt; am meisten leiden darunter Buche und Ahorn. **Frostrisse** bestehen in Aufreißen des Stammes und entstehen durch starke Kälte und dadurch hervorgerufene Zusammenziehung der äußeren Jahresringe, welche sodann die inneren, vor Kälte geschützten nicht mehr umspannen können. **Kernschäle** ist eine Trennung der Jahresringe vom Kernholze, respective eine Trennung gesunder Jahresringe von einem in Zersetzung begriffenen; soll eintreten, wenn bisher in Unterdrückung gestandene Stämme plötzlich freigestellt werden und dadurch ein besseres Wachsthum erhalten, oder wenn in Folge nassen, schlechten Sommers und baldigen Eintritt des Winters das Holz nicht reif geworden und daher leicht in Zersetzung übergeht, veranlaßt durch Entwickelung des Baumschwammes. **Wurzelrost** besteht in einem eisenschüssigen Ueberzug der Wurzeln und wird hervorgerufen durch nassen, Raseneisenstein enthaltenden Boden. **Wurzelbrand,** hervorgerufen durch Quetschungen und überhaupt Beschädigungen der Wurzel.

b) Physiologischen Ursprungs: **Saftfluß** entsteht bei heftigem Andrang des Nahrungssaftes zwischen Holz und Rinde und besteht im Ausdringen des Saftes durch die Rinde. Der **Baumkrebs** ist eine krebsartige Rindenkrankheit und wird hauptsächlich bei Eichen, Tannen, Buchen und Lärchen beobachtet. Bei weiterem Fortschreiten der Krankheit wird jedoch auch der Splint und das Kernholz von der Fäulniß ergriffen. **Stockfäule** ist das Absterben der Pfahlwurzel, namentlich bei Eichen auf flachgründigem, bei Fichten auf üppigem oder nassem Boden, auf welchem das Holz nicht vollständig erhärtet. Bei Fichten kommt sie häufig auf Flächen vor, die vor der Aufforstung landwirthschaftlich benützt wurden. Verschieden hievon ist die **Wurzelfäule,** welche nur die in die Tiefe gedrungenen Pfahlwurzeln befällt, so daß nach dem Abfaulen der Wurzeln die Bäume lebend umfallen; nach Hartig dürfte sie unter gewissen dem Luftwechsel ungünstigen Bodenverhältnissen entstehen. **Roth- und Weißfäule** sollen entstehen, wenn zu dem Stärkemehl im Innern des Baumes atmosphärische Luft hinzutreten kann, wodurch eine Zersetzung organischer Substanzen eintritt und sich zwischen den Jahresringen Schwämme (Pilze) entwickeln. Ueberhaupt sind viele Krankheiten des Holzes von Pilzbildung begleitet und durch solche veranlaßt; so wird auch der Baumkrebs, die Stock=, Roth= und Weißfäule sowohl durch parasitische Pilze, als durch ungünstige Bodenumstände, durch Frost und durch äußere Verwundung hervorgerufen. Die Rothfäule zeigt sich in der Regel von unten durch eine röthliche Farbe des Holzes; die Weißfäule durch eine weiße Farbe und in allen Theilen des Baumes. Die Rothfäule ist der geringere, die Weißfäule der größere Grad ein und derselben Krankheit. **Gipfeldürre** ist das Absterben der obersten Baumgipfel. Häufig bei Buchen und Eichen bemerkbar. Entsteht in Folge hohen Alters oder durch Freilegung der Wurzeln beim Streurechen und auch in Folge von Armuth des Bodens.

Nach den neueren Forschungen von Dr. Robert Hartig können jedoch die meisten Krankheiten der Pflanzen durch parasitische Pilze erzeugt werden, indem die in das Holz gelangten Sporen der Pilze sich bei hinreichender Wärme und Feuchtigkeit schnell entwickeln, die Mycelfäden sich von einer Zelle zur anderen verbreiten und die Wandungen derselben zerstören; so erklärt sich das oft plötzliche Absterben der Nadelhölzer in verschiedenen, namentlich jüngeren Altersstadien, charakterisirt durch reichlichen Harzfluß am Wurzelstocke, durch die Entwickelung eines Pilzes (Wurzelschwammes, Trametes radiciperda) in und auf den Wurzeln der Fichte und Kiefer, welcher aus dem Bastgewebe durch die Markstrahlen in das Innere des Holzkörpers dringt und das Absterben der Seitenwurzeln und das Vertrocknen der Pflanze herbeiführt, wie auch ein zweiter Pilz (Agaricus melleus) die Wurzeln und das untere Stammende der Nadelhölzer tödtet. Mittel dagegen: Isolirung der inficirten Stellen durch Ziehen von Gräben oder Stock= und Wurzelrodung. Ebenso verursacht ein Parasit (Trametes Pini), dessen Eindringen in den Kern des Baumes durch abgebrochene oder abgehauene grüne Aeste ermöglicht wird, die Kiefernroth= oder Schwammfäule, welche sich von der Rothfäule der Fichte dadurch unterscheidet, daß sie nicht

wie die letztere von der Wurzel aus, sondern in höheren Stamm=
theilen beginnt.

Der Lärchen=˘und Fichtenrindenpilz, der Kiefern=, Fichten=
nadel= und Fichtenblasenrost, die Fichten= und Weißtannennadel=
bräune, durch welche das Gewebe der Nadeln zerstört wird, ent=
stehen gleichfalls durch einen Schmarotzerpilz.

Desgleichen kommen die meisten Keimlingskrankheiten von
parasitischen Pilzen her, so vernichtet der Eichenwurzeltödter durch
das im Inneren des Wurzelgewebes sich befindliche Mycelium
einjährige Eichen und zerstört das Mycelium des Buchenkeim=
lingspilzes das Gewebe der Cotyledonen und tödtet das Buchen=
keimpflänzchen.

Die durch die Larven verschiedener Bockkäfer veranlaßten Be=
schädigungen des Holzes, insbesondere des Eichenholzes, vermitteln
häufig das Eindringen der Pilze in das Innere des Stammes.*)

3. Aufarbeitung und Verkauf des Holzes.

Der Fällung des Holzes geht die Schlagauszeichnung voraus,
wobei die zu fällenden Stämme entweder mit dem Waldhammer,
oder die schwächeren mit dem Reißer bezeichnet werden. Die
Fällung selbst erfolgt sodann durch Abhauen, Absägen oder Aus=
graben der Stämme sammt den Wurzeln (Baumrodung), und
zwar in der Regel in den Wintermonaten, oder wie im Gebirge
in den Sommermonaten, nur beim Schälwalde muß zur Zeit
des Blattausbruchs gehauen werden. Das im Monate Dezember
gefällte Holz soll, wie schon bemerkt, am besten der Fäulniß
widerstehen und ebenso die größte Tragkraft besitzen.

Wo es die Oertlichkeit erlaubt, sollte die Säge angewendet
werden. Die beste Säge ist die gebogene, die sogenannte Schwarz=
wäldersäge.

Die Richtung des Falles der Stämme wird durch Einhauen
von zwei sich gegenüberstehenden Schroten bewirkt. Die Stöcke
sind niedrig, womöglich nur 15—20 cm hoch zu machen.

---

*) Ueber die Schütte, bei welcher im Frühjahre die Nadeln an jungen
Föhren dürr werden und abfallen vide S. 76. Manche schreiben aber
diese Krankheit Witterungsverhältnissen überhaupt, Andere ebenfalls Pilz-
bildungen zu.

Zum Ausgraben ganzer Stämme und auch zum Stockroden ist die gewöhnliche Wagenwinde noch immer eines der besten Hilfsmittel.

Behufs Einführung gleicher Holzsortimente im deutschen Reiche wurden nachstehende Sortimente gebildet, und zwar:

a) in Bezug auf die Baumtheile:

Derbholz und Nicht=Derbholz.

Derbholz ist die oberirdische Holzmasse über 7 cm Durch= messer mit der Rinde; Nicht=Derbholz ist die übrige Holz= masse und zerfällt in Reisig als oberirdische Holzmasse bis ein= schließlich 7 cm Durchmesser, und in Stockholz als unterirdische Holzmasse (Wurzeln) nebst dem bei der Fällung im Boden bleibenden Theil des Schaftes (Stock);

b) in Bezug auf die Gebrauchsart:

Langnutzholz, Schichtnutzholz, Nutzrinde und Brennholz.

Langnutzholz sind Nutzholzabschnitte, welche nicht in Schichtmaße aufgearbeitet, sondern cubisch vermessen und berechnet werden; man theilt sie in Stämme und Stangen.

Stämme sind diejenigen Langnutzhölzer, welche über 14 cm Durchmesser haben (bei 1 m oberhalb des unteren Endes ge= messen), Stangen, und zwar Derbstangen sind Nutzhölzer über 7 bis mit 14 cm, Reisstangen (Gerten) bis mit 7 cm Durchmesser.

Schichtnutzholz ist das in Raummetern eingelegte Nutz= holz (zum Gebrauche für Wagner), und zwar Nutz=Scheitholz, wenn solches über 14 cm Durchmesser am obern Ende der Rund= stücke; Nutz=, Knüppel= oder Prügelholz, wenn solches über 7 bis mit 14 cm Durchmesser hält; Nutz=Reisig ist im Schichtmaße (Raummeter) eingelegtes oder in Wellen gebundenes Nutzholz bis mit 7 cm Durchmesser, am stärkeren unteren Ende der Stücke gemessen. (Für Flechtarbeiten 2c. 2c.)

Nutzrinden sind jene Rinden, welche zur Gerberei benützt werden; die Eichenrinde wird in Alt= und Jungrinde getrennt.

Beim Brennholz unterscheidet man:

Scheite, ausgespalten aus Rundstücken von über 14 cm Durchmesser am obern Ende;

Zum Ausgraben ganzer Stämme und auch zum Stockroden ist die gewöhnliche Wagenwinde noch immer eines der besten Hilfsmittel.

Behufs Einführung gleicher Holzsortimente im deutschen Reiche wurden nachstehende Sortimente gebildet, und zwar:

a) in Bezug auf die Baumtheile:

Derbholz und Nicht=Derbholz.

Derbholz ist die oberirdische Holzmasse über 7 cm Durch= messer mit der Rinde; Nicht=Derbholz ist die übrige Holz= masse und zerfällt in Reisig als oberirdische Holzmasse bis ein= schließlich 7 cm Durchmesser, und in Stockholz als unterirdische Holzmasse (Wurzeln) nebst dem bei der Fällung im Boden bleibenden Theil des Schaftes (Stock);

b) in Bezug auf die Gebrauchsart:

Langnutzholz, Schichtnutzholz, Nutzrinde und Brennholz.

Langnutzholz sind Nutzholzabschnitte, welche nicht in Schichtmaße aufgearbeitet, sondern cubisch vermessen und berechnet werden; man theilt sie in Stämme und Stangen.

Stämme sind diejenigen Langnutzhölzer, welche über 14 cm Durchmesser haben (bei 1 m oberhalb des unteren Endes ge= messen), Stangen, und zwar Derbstangen sind Nutzhölzer über 7 bis mit 14 cm, Reisstangen (Gerten) bis mit 7 cm Durchmesser.

Schichtnutzholz ist das in Raummetern eingelegte Nutz= holz (zum Gebrauche für Wagner), und zwar Nutz=Scheitholz, wenn solches über 14 cm Durchmesser am obern Ende der Rund= stücke; Nutz=, Knüppel= oder Prügelholz, wenn solches über 7 bis mit 14 cm Durchmesser hält; Nutz=Reisig ist im Schichtmaße (Raummeter) eingelegtes oder in Wellen gebundenes Nutzholz bis mit 7 cm Durchmesser, am stärkeren unteren Ende der Stücke gemessen. (Für Flechtarbeiten rc. rc.)

Nutzrinden sind jene Rinden, welche zur Gerberei benützt werden; die Eichenrinde wird in Alt= und Jungrinde getrennt.

Beim Brennholz unterscheidet man:

Scheite, ausgespalten aus Rundstücken von über 14 cm Durchmesser am obern Ende;

Nutzreifig wie Brennreifig ift, wenn in Wellen gebunden, nach Wellenhunderten zu berechnen, das in Haufen unaufgearbeitete zur Abgabe kommende Reifig ift nach Normalwellen einzufchätzen. Die Normalwelle ift 1 m lang und hat 1 m Umfang. Das Wellenhundert ift in Bayern zu 3 Ster angenommen. Die Aufarbeitung der Nutzrinde erfolgt nach Gewicht oder Raummaß.

Die Cubikmeter werden in Bayern vorläufig durch Multiplikation mit der Verhältnißzahl 1,3 in Stere umgewandelt. Zur Umrechnung der bisherigen bayerifchen Klafter in Stere dient die Verhältnißzahl 3,1325.

Nachdem für die Folge das Cubikmeter fefter Holzmaffe (Feftmeter) die Rechnungseinheit bildet, werden zur Zeit die Reduktionsfaktoren zur Umwandlung von Raummaß in Feftmaß für Brennholz, Nutzrinde und Schichtnutzholz gefucht.

Nach der Aufarbeitung des Holzes folgt das Setzen des Brennholzes, die Sortirung, Numerirung und die Aufnahme des Holzes in die Nummernbücher.

Brennholz erfter Qualität ift gefundes Holz, bei welchem die Holzfafer auch im Kerne noch gefund ift. Zweiter Klaffe ift das anbrüchige Holz, bei welchem die innere Kernpartie nicht mehr glattriffig, fondern fpröde und brüchig, von ungleicher Farbe ift, und der Zufammenhang der Zellen unterbrochen erfcheint. Faul ift das Holz, wenn daffelbe in entfchiedener Zerfetzung begriffen, der Kern zum Theil fchon vermodert ift. Im Uebrigen kann die Klaffifikation auch noch davon abhängig gemacht werden, ob das Holz glatt und gerade, knorrig oder krumm, fchwach oder ftark ift.

Beim Stammholz wird in der Regel das ftärkere und glattfchaftige Holz zur erften, das fchwächere und rauhaftige zur zweiten Klaffe gezählt.

Durch Abfonderung des Holzes nach feiner beften Verwendungsart wird oft aus ein und demfelben Holzvorrath ein doppelter Gewinn erlangt, als bei weniger gewiffenhafter Sortirung.

Wegen drohender Infektenbefchädigung, fchwerer Beauffichtigung und leichter Verderbniß des Holzes (Verftocken namentlich des Buchenholzes, Trocken=Fäulniß) ist es sobald als möglich dem Verkaufe zu unterstellen und aus dem Walde zu schaffen.

Bei Mangel an Absatzgelegenheit ist das im Walde verbleibende Holz jedenfalls zu entrinden und an einem luftigen, trockenen Orte aufzubewahren.

Die Aufarbeitung des Holzes erfolgt im Accord, und der Verkauf in der Regel versteigerungsweise, wobei meistens zum Aufwurfspreise die Forsttaxe, d. h. der letztjährige Durchschnitts=versteigerungspreis, angenommen wird. Durch die Versteigerung stellen sich am sichersten die wahren Preise heraus, denn die Preise des Holzes werden, wie die aller Produkte, vom Vorrath und der Nachfrage bestimmt. Bei einer Holzhändlerschaft, welche keine Konkurrenz aufkommen lassen will, ist es angezeigt, die Versteigerung nicht wie gewöhnlich im Wege des Auf= sondern des Abgebotes vorzunehmen, indem der Versteigerungsbeamte von einem höheren Preis auf einen niedrigeren herabgeht und dann zuschlägt, sobald ein Liebhaber mit dem Wort „angenommen" sich meldet, oder auch den Verkauf im Submissionswege zu bethätigen.

Die Verlohnung geschieht nach Stückzahl oder einfacher nach der Cubikmasse.

Selten ist bei den Holzverkäufen Baarzahlung bedingt, in der Regel wird bei sicherer Bürgschaft 6 monatliche Zahlungsfrist gewährt. Eventuell könnte die Baarzahlung durch Skontirung befördert werden, indem Allen, welche Baarzahlung leisten, für die Zeit vom Zahltage bis zum Verfalltage ein Diskonto von 4—5% bewilligt wird. Vom Verfalltage an sollte aber die Schuld unter allen Umständen zu verzinsen sein, während anzunehmen ist, daß bis zu demselben die erzielten Holzpreise die Zinsen schon in sich schließen.

4. Transport des Holzes.

Je geringer das Volumen und das Gewicht eines Körpers im Verhältniß zu seinem Preise ist, desto weiteren Transport kann er ertragen.

Brennholz erduldet weniger weiten Transport im Verhältniß zu seinem Preise, als das Stammholz.

Die Transportfähigkeit wird erhöht durch Herstellung zweckmäßiger Transportanstalten. Der Holztransport kann geschehen entweder zu Wasser oder zu Land; der zu Wasser ist in der Regel der wohlfeilere.

Der Holztransport zu Land geschieht entweder durch Menschen oder durch das Vieh, oder durch die eigene Schwere, oder endlich durch Eisenbahnen.

Der Holztransport zu Wasser geschieht durch Flößen und in Kähnen und Schiffen und zwar entweder auf kleinen Flüssen oder in besonderen Gräben und Kanälen, oder auf schiffbaren Flüssen.

Holztransport durch Menschen findet nur statt, um das Holz aus den Schlägen an die nächsten Wege zu schaffen, und es wird dasselbe entweder herausgetragen oder mit Handschlitten herausgefahren.

Der weitere Transport auf kürzere Strecken geschieht durch das Zugvieh, entweder bis zum Stapelplatz des Holzes oder bis zur Eisenbahn. Hiezu sind vor Allem gute Waldwege von Wichtigkeit und ist bei Anlegung derselben darauf zu sehen, daß größere Waldmassen durch Wege eingeschlossen und die Hauptwege zu den haubaren Beständen geführt werden. Bei den Wegen selbst sind scharfe Winkel (wegen Transport der Bauhölzer) zu vermeiden, desgleichen eine größere Steigung als von 5—6%; bei starker Krümmung muß das Gefäll bis auf 3% ermäßigt werden, Gegengefälle sind zu vermeiden und sind, wo thunlich, zu Wegen Abtheilungslinien zu benützen. Hauptwege erhalten eine Breite von 3—4 m und sind auf beiden Seiten mit Gräben einzufassen; das Planie soll in der Mitte des Weges erhöht, der Unterbau 15 cm stark, mit 5—6 cm hoher Kiesschichte angelegt werden. Die Wegränder sind vom Holzbestande frei zu halten. Bei Moorboden kann nur durch tiefe Seitengräben und durch Holzknüppellager statt der Steine der Weg hergestellt werden. Bei Herstellung von Holzknüppelwegen legt man auf beiden

Seiten des Wegs erſt Balken, auf dieſe werden die 15—20 cm
langen Prügel dicht aneinander gelegt und kommen obenauf
wieder Längslatten, welche von Diſtance zu Diſtance mit hölzernen
Nägeln befeſtigt werden. Statt der theueren Prügel wendet man
auch Faſchinen an, die gleich den Prügeln mit Erde überdeckt
werden. Wo nur immer möglich, ſind die Wege an den Wald=
grenzen, namentlich an jenen der Thalſohlen, herzuführen. In
dieſe Thalſohlenwege werden dann die an den Hängen hinfüh=
renden Wege eingemündet. Am zweckmäßigſten iſt es, die Aus=
arbeitung von Wegnetzprojekten auf Grund von Terrainaufnahmen
und horizontalen Höhenkurven vorzunehmen. Bei Unterhaltung
der Wege iſt dafür zu ſorgen, daß das Waſſer gehörigen Abfluß
hat, und daß die Geleiſe wieder eingeebnet werden.

Der Transport des Holzes durch die eigene Schwere
geſchieht durch Holzſtürzen, Schlittwege, Rieſen oder Rillen. Bei
Holzſtürzen über Felſen ſind dieſe möglichſt von Steinen und
Geſtrüpp zu reinigen, worauf das Holz (Kurzholz, ſeltener Lang=
holz) einfach herabgeworfen wird. Es wird jedoch öfters auch
das Brennholz von ſteilen Bergen durch Arbeiter auf Schlitten
heruntergefahren. Eigene Schlittwege, aus dicht aneinander ge=
legten Stangen gebildet, erhalten eine Neigung von 10—20°, und
werden die Schlitten von den darauf ſitzenden Arbeitern nur auf
ſelben geleitet. Am häufigſten wird dieſe Transportweiſe ange=
wendet im Winter bei Schnee; im Sommer werden ſolche Schlitt=
wege auch mit Talg beſchmiert und heißen dann Schmierwege.

Man unterſcheidet Trockenrieſen, Schnee=, Eis= und Waſſer=
rieſen, je nachdem der Rieskanal trocken, oder mit Eis überzogen
iſt oder fließendes Waſſer darinnen läuft. Bei ihnen wechſelt der
Fall von 15—45°. Sie beſtehen in 5—9 cm breiten, hohlen
Bahnen oder Rinnen, die aus glatten Stangen hergeſtellt ſind;
die Rieſe darf keine ſcharfen Krümmungen machen; das Holz
wird in ſelbige eingeworfen und unten aufgefangen.

In neuerer Zeit werden auch Draht= und Drahtſeilrieſen
hergeſtellt, bei erſteren wird ein ſtarker Eiſendraht mit einer
Neigung von 25—30 % in's Thal gezogen, an welchem das zu
befördernde ſchwächere Holz, mit eiſernen Haken aufgehängt, hin=

abrutscht; während zum Transport stärkerer Holzsortimente 3 cm starke Drahtseile, welche zwischen beiden Enden auf zahlreichen Stützen ruhen, in der Art benützt werden, daß der zu transportirende Sägblock mit Ketten befestigt an zwei auf dem Drahtseile laufenden Rollen (Wagen) hängt.

Der Transport des Holzes auf der Eisenbahn ist besonders wichtig für Nutzholz, wo Wasserstraßen nicht zu benützen sind, insbesondere für Schiffshölzer; auf kürzeren Strecken wird aber auch Brennholz auf der Eisenbahn transportirt, und gehen auf einen Wagen von 200 Zoll-Centner 18 Ster ausgetrocknetes Buchen- und 24 Ster ausgetrocknetes Fichtenholz.

Holztransport zu Wasser. Flößen oder Triften auf kleineren Flüssen. Brennholz verliert an Brennkraft durch allzulanges Liegen resp. Auslaugen im Wasser (vide Kapitel: Brennkraft des Holzes), bei allem Flößen und Triften ist daher zu beachten, daß das Holz sobald als möglich wieder aus dem Wasser kommt. Die einfachste Art des Flößens ist das sogenannte Schwemmen, wobei das Holz eingeworfen und durch Schleußen Maßregeln getroffen sind, daß die vom Fluß abgehenden Wöhren nicht beschädigt werden. Bei zu wenig Wasser hat man Sammelteiche oder Schleußen angelegt. Nie ist das Holz in solcher Quantität einzuwerfen, daß Stopfungen entstehen und verhältnißmäßig viel Senkholz erhalten wird. Zum Abfangen des Holzes sind Rechen angebracht.

Um Holz im Wasser unbedeutender Bäche fortflößen zu können, ist völliger Ausbau des Flußbettes nöthig, Herstellung glatter Ufer, und ist zur Vermehrung des Wassers durch Schleußen und Klausen Sorge zu tragen, bis das Holz von den kleineren in die größeren Flüsse eingeführt wird.

Das Flößen auf schiffbaren Flüssen, dann mit Schiffen und Kähnen ist mehr Sache eigener Zünfte.

Bei allen Flößen unverbundenen Holzes findet durch Senkung und Abstoßen einiger Verlust statt, welcher um so größer ist, je weniger trocken das zu flößende Holz und in je schlechterem Zustande der Floßweg ist.

9*

5. Verkohlung des Holzes.

Hauptzweck der Verkohlung ist, den Kohlenstoff so rein als möglich und mit dem geringsten Verluste herzustellen. Holzkohle ist der Rückstand, welchen man bei der durch Hitze ohne vollständige Verbrennung bewirkten Umwandlung des Holzes erhält, und es besteht die Kohle hauptsächlich aus Kohlenstoff. Nebenzwecke sind: die Hitzkraft des Holzes auf ein kleineres Volumen und geringeres Gewicht zu reduziren und für manche technische Verwendung, z. B. zum Hüttenbetriebe, die nachtheiligen Eigenschaften der Verbrennung des Holzes zu beseitigen, und um Kohle zur Pulverfabrikation, zum Filtriren zu gewinnen.

Die Verkohlung ist besonders wichtig bei nöthiger schneller Wegräumung großer Massenvorräthe im Wald zur Verhinderung von Insektenbeschädigungen. Die Kohle ist ein guter Elektricitäts- und schlechter Wärmeleiter, ist nie der Fäulniß unterworfen und schützt auch andere Körper gegen Fäulniß; sie hat ferner die Eigenschaft, gasförmige Stoffe aus der Luft aufzusaugen und aus Flüssigkeiten fremde Bestandtheile in sich aufzunehmen; die Kohle verbrennt schwerer als das Holz, sie gibt aber in dem Raum, wo sie verbrennt, eine intensiv größere Hitze als das Holz, weil sie ohne Flamme verbrennt. Die Hitzkraft der Kohle ist in der Regel halb so groß, als die der Holzquantität, aus der sie dargestellt wurde. Bei der Verkohlung können Theer, Essigsäure, brenzliche Oele als Nebenprodukte aufgefangen werden, welche dabei in Gasform entweichen.

Verkohlungsmethoden. Die Verkohlung findet in stehenden oder liegenden Meilern oder in Gruben statt. Im stehenden Meiler stehen die Holzstücke aufrecht, in liegenden wagrecht. Hauptbedingung ist, daß das zu verkohlende Holz trocken und gesund ist, weil faules Holz eine ganz unbrauchbare Kohle gibt. Gesundes Stockholz gibt sehr gute Kohle.

In einem Meiler können bis zu 125—150 Ster Holz verkohlt werden. Bei Auswahl der Kohlstellen ist zu beachten, daß dem Meiler Schutz gegen Wind und Wetter gewährt ist, und daß die Verkohlung auf einem Boden, welcher aus Lehm, Sand und

Dammerde gemengt ist, stattfindet, nicht auf reinem Lehm= oder Sandboden (des geregelten Luftzuges wegen). Bei den stehenden Meilern wird zuerst der sogenannte Quandelpfahl eingeschlagen, der Boden gegen den Mittelpunkt des Meilerkreises etwas erhöht, damit die beim Verkohlungsprozeß sich bildenden wässerigen Theile abziehen können. Hierauf wird das Zündloch nach der Himmels= gegend, woher der herrschende Wind nicht kommt, angebracht, 3—4 Holzschichten stehend übereinander gesetzt, der soweit fertige Meiler dann mit einer Decke von Rasen, Moos oder Laub um= geben und schließlich, um den Zutritt der Luft vom brennenden Meiler abzuhalten, mit Erde oder besser mit einem Gemenge von Lehm und Erde beworfen, worauf sodann das Anzünden entweder von oben oder unten stattfindet. Durch die Zuglöcher wird das Feuer allmählig von oben nach unten, oder von unten nach oben geleitet, je nachdem das Anzünden stattgefunden hat. Wird der Rauch aus den Zuglöchern hell und blau, so ist dies ein Zeichen der Gare, und es erfolgt dieselbe in der Regel 10—16 Tage nach dem Anzünden. — Die Verkohlung in liegenden Meilern, sowie die in Gruben findet wenig oder fast nicht mehr statt, weil sie als weniger nutzbringend erachtet wird, als die in stehenden Meilern.

Die Gewinnung von Theer oder Holzessig bei der Verkohlung geschieht in der Regel nur bei der Verkohlung in Gruben; doch werden auch bei stehenden Meilern häufig in die Zuglöcher des brennenden Meilers thönerne Röhren geleitet, durch welche die aus dem Meiler ausströmenden sauren Dämpfe in Fässern auf= gefaßt werden, worin sich selbe als Holzessig niederschlagen.

6. Verwendung und Verarbeitung der verschiedenen Holzarten.

Eiche: sie liefert für das Trockene und Nasse vortreffliches Bau= und Nutzholz (nur nicht als Träger); als Schiffsbauholz vorzüglich brauchbar. Als Brennholz etwas weniger gut als Buchenholz; es verbrennt langsam und ohne helle Flamme.

Buche: Nutzholz für Maschinenbauer und Wagner, als Brennholz wird es am meisten geschätzt, da es nur von wenigen

Holzarten an Hitzkraft übertroffen wird. Die Hitzkraft hält in der Kohle sehr lange an. Asche gibt die beste Lauge und die meiste Potasche.

Erle: gibt mittleres Wagnerholz; ins Wasser verbaut ist sie von vorzüglicher Dauer. Als Brennholz von mittlerem Werth, es muß bald gespalten werden, die Kohle wird zur Schießpulver=fabrikation verwendet.

Zahme Kastanie: gibt gutes Bau= und Nutzholz, weniger gutes Brennholz; als Nutzholz ersetzt es in vielen Fällen das Eichenholz, da es sehr lange der Fäulniß widersteht.

Ulme: übertrifft die meisten Holzarten als Bau=, Werk= und Nutzholz; es ist dem eichenen vorzuziehen, als Brennholz fast wie Buchenholz.

Birke: Nutzholz für Tischler und Drechsler, ersetzt hierin die Buche, dann Bauholz im Trockenen; als Brennholz geringer als das Buchenholz, aber doch von hohem Werthe; Ruß: Buch=druckerschwärze.

Kiefer ist als Bauholz von großer Dauer, nur nicht als Träger, gibt astreine Bretter, welche sich nicht leicht werfen; als Brenn= und Kohlholz von weniger Werth als das Buchenholz.

Fichte und Weißtanne geben Bau= und Bretterholz, sind sehr tauglich als Träger; als Brenn= und Kohlholz von weniger Werth als das Fohrenholz, verbrennt mit Geräusch.

Lärche ist so dauerhaft wie Eiche als Grubenholz und Bau=holz; als Brennholz im Werthe geringeren Fichtenholzes.

Ahorn: Werk= und Nutzholz für Drechsler=, Tischler= und Wagnerarbeit, dann zu musikalischen Instrumenten. Hitzkraft fast höher wie Buche, vorzügliches Kohlholz.

Esche: Nutzholz für Wagner. Hitzkraft wie Buche.

Hornbaum: Nutzholz zu Kammrädern, zu Hobeln und Modellarbeiten; Brennkraft größer als die des Buchenholzes; als Kohlholz sehr gut.

Linde: Nutzholz für Tischler, Bildhauer und Formschneider. Brennholz von geringem Werthe; Kohle: zum Zeichnen.

Aspe: Nutzholz zu Meubeln verarbeitet, zu Flechtarbeiten, zu Hausgeräthen überhaupt. Brennholz von geringem Werthe, gibt schnelle und flüchtige Hitze.

Weide: Nutzholz zu Korb= und Flechtarbeiten; als Brenn= holz von geringstem Werthe, brennt jedoch leicht und gibt wenig Rauch, daher zu Kaminfeuer geschätzt.

7. Weitere Verarbeitung des Nutzholzes.

Zum Häuserbau: Zu Balken, Sparren und Schindeln: hauptsächlich Fichtenholz; zu Schwellen: Eichenholz, Fohre. Wasserbau: Zu Pfählen und Jochen: Eichenholz, harzreiche Kiefern und Lärchen. Zu Hängwerken: Fichten; zum Wehrbau: Eichen; beim Rostbau: Eichen, Lärchen, Kiefern und Erlen. Zum Gruben= und Eisenbahnbau: Eichen, Kiefern oder Lärchen. Zum Schiffsbau: zum Rumpfe: Eichen, zu Masten: Kiefern, zu Segelstangen: Fichten. Zum Maschinenbau, und zwar: zu Wellen, Schrauben und Kämmen: Eichen oder Weiß= und Rothbuchen. Zu Schnittholz und zu Schindeln: Fichten, Föhren und Weißtannen. Als Fournierholz: namentlich Masern von Eichen, Erlen und Birken. Für Wagner und Stellmacher zu Achsen, Felgen: Buchenholz; zu Naben: Ulmen oder Birken; zu Speichen: Eichen und Eschen; zu Leiterbäumen und Deichseln: Birken; zu Dauben und Böden bei Fässern: Eichen und edle Kastanien; zu Faßreifen: Weiden, Haseln, Birken; außerdem zu Böttcherholz: Fichte; zu Maischbottichen: Lärchen, besonders solche, welche viel rothes Holz enthalten, sogenannte Steinlärchen. Für Korbmacher: Haseln, Sahlweiden; zu feinen Flechtarbeiten: Dotter= weide und Purpurweide; zu Schachteln und für Siebmacher: Fichten und Tannen. Für Tischler: fast alle Holzarten. Zu Drechslerarbeiten: Birken, Buchen, Erlen, Ahorn, Hornbaum, Aspen und Eschen. Zu feinen Meubeln: Eibe, Eiche, Apfelbaum, Eschen und Ulmen; zu Tischen und Bänken: Linden, Ahorn; für gewöhnliches Hausgeräth: Nadelholz. Für Pressen, Modellarbeiten, Hobel und Kammräder: Hornbaum. Zu Spielwaaren: Ahorn, auch Fichten und Buchen. Zu Zündhölzchen und Holzschnitzereien:

Weymuthskiefer, Eibe, in Ermangelung Fichten. Zu Streich=
instrumenten: Arve, Ahorn oder sparsam im Alpenklima gewachsenes
Fichtenholz mit engen, regelmäßigen Jahresringen. Zu Brunnen=
röhren: Lärche und Kiefer; zu Weinpfählen: Akazien, edle Ka=
stanien, Ulmen, Eschen; zu Baumpfählen, Telegraphen=, Bohnen=,
Hopfenstangen: die Nadelhölzer; zu Mulden, Austäfeln der Kut=
schen: Linden; zu Holzschuhen: Aspen; zu Löffeln und Tellern:
Ahorn und Linden; zu Peitschenstielen: Ahorn; zu Spazierstöcken:
Eichen, Haseln, Weißdorn; zu Besen: Birkenruthen; zur Papier=
stofffabrikation: Aspen, Fichten, Tannen, Kiefern; zur Bleistift=
fabrikation, zu Cigarrenkisten: Erlen; als Geschirrholz: Ulmen,
Eichen; 'zu Gewehrschäften: gemasertes Birkenholz; zu Tabaks=
dosen: Birkenschale, zu Leuchtgas: Filzkoppen.

Die Säg= oder Schnitthölzer werden in Sägmühlen zu
Brettern, Dielen, Latten geschnitten, und werden in der Neuzeit
auch die Bauhölzer statt des bisher üblichen, holzverschwendenden
Behauens durch die Säge zum weiteren Verbrauch zugerichtet;
hierbei handelt es sich vor Allem darum, die Stämme so aus=
zusuchen, daß die genaue Zopfstärke nicht überschritten wird, welche
erforderlich ist, um das Bauholz in der vorgeschriebenen Stärke
daraus zu erhalten. Dann müssen aber auch die einzelnen Rund=
hölzer so ausgesucht werden, daß sie wo möglich in ihrer ganzen
Länge verschnitten werden können, da die Spitzen nur unvortheil=
haft sich verwenden lassen. Bei Anlage einer Sägmühle kommt
die vorhandene Wasserkraft (vortheilhafter als Dampfkraft), die
Bezugsgelegenheit des Rohmaterials und der Absatz der Schnitt=
waare in Betracht. Je dünner die Sägblätter, desto weniger
Sägmehl und überhaupt weniger Abfallholz. Die Länge des
Brettes hängt ab von den Absatzverhältnissen; in der Regel
werden für den Handel 4,5 m lange, überhaupt nur mehr Bretter
zu 3,0, 3,5, 4,0, 4,5, 5 oder 6 m Länge, zum Lokalbedarf 5,8 m
lange Bretter gesucht.

Bretter von mindestens 30 cm Breite und 3 cm Stärke
werden verhältnißmäßig am besten bezahlt, daher auch Sägklötze
über 29 cm mittleren Durchmessers unverhältnißmäßig höher
gekauft werden, als schwächere Stämme. Im Uebrigen verwerthet

sich auch das schwache Nutzholz (zu Latten 2c.) immer viel höher als Brennholz, und können noch Abfälle vom Stamme bis zum kleinsten Spänchen zu 10 mm als Plafondlättchen Verwendung finden.

B. Forstnebennutzungen.

Die Forstnebennutzungen machen uns bekannt mit den außer dem Holze noch nutzbaren Erzeugnissen des Waldbodens. Hierher gehört die Benutzung der Rinde (vide Einführung gleicher Holzsortimente im Deutschen Reiche, Kap. Aufarbeitung des Holzes) — des Saftes — der Blüthen — der Früchte — Blätter — Nadeln — der Waldstreu — der Waldgräserei — Waldhut — der Waldbeeren — Schwämme — Flechten 2c. — des Torfes — der Kalksteine — des Lehmes — der Sandbrüche — der Mergelgruben.

Die Rinde insbesondere von Eichen und Fichten dient zum Gerben, von Erlen, Birken und Nußbäumen zum Färben, von Linden und Rüstern zu Bastarbeiten. Die Rinde der Weiden liefert das Hauptgerbematerial zum Juchtenleder und enthält Heilkräfte, man gewinnt aus ihr das Salicin, ein Surrogat des Chinin; die Borke der Birken liefert den Birkentheer, welcher dem Juchtenleder den eigenthümlichen Geruch gibt. Für den Forstmann ist am wichtigsten die Benützung der Rinde zum Gerben. Am gerbstoffreichsten ist die Rinde 15—25jähriger Eichen, welche die sogenannte Glanz- oder Spiegelrinde liefern; Fichtenrinde enthält nur halb so viel Gerbstoff als jene. Eichenniederwaldungen mit circa 20jährigem Umtrieb werden als Schälwaldungen angelegt zur Gewinnung der Eichenschälrinde, die zur Zeit des Laubausbruches stattfindet.

Behufs der Rindengewinnung wird das Holz zuerst gefällt und werden dann erst die abgelängten Stämme 2c. meistens durch den Rindenempfänger selbst in Rollen zu $1\frac{1}{2}$—2 m Länge mit Hülfe des Lohschlitzers und Klopfers geschält. Die Rindenstücke werden hierauf aufgestellt und getrocknet, bis sie sich nicht mehr zusammenbiegen lassen. Der Verkauf findet nach dem Gewichte der getrockneten Rinde, nach Raummaß in Gebunden oder per

Ster des geschälten Holzes statt. Durch das Schälen verliert man durchschnittlich 10—15% an Holzmasse bei der Fichte und bis zu 20—30% bei der Eiche, oder bei dem Fichtenholz geht mindestens circa der 10. Theil, beim Eichenholz der 5. Theil an Holzmasse verloren. Die Eichenrinde gilt in der Regel viermal mehr als die Fichtenrinde. Das Gewicht des Rindenanfalls von einem Cubikmeter geschälten Holzes beträgt durchschnittlich 80 bis 100 Zollpfund. Auf 1 ha Schälwald gewinnt man durchschnittlich 5 Centner an Eichenrinde.

Bei dem bisherigen durchschnittlichen Preis der Fichtenrinde liegt es nicht im Interesse des Waldbesitzers, eigene Schälhiebe zu führen, es dürfte vielmehr diese Rinde nur dann geschält werden und zur Abgabe kommen, wenn das Schälen zum Zwecke der besseren Austrocknung des Holzes oder zur Vermeidung von Insektenvermehrung ohnehin zu geschehen hätte, oder wenn damit die einheimischen Gerbereien Unterstützung finden sollen.

Knoppern, d. h. höckerige, stachelige Auswüchse auf den Früchten der Stieleiche, dann die Galläpfel, Auswüchse auf den Zweigen und Blattstielen mancher Eichenarten in Oesterreich-Ungarn sind besonders reich an Gerbstoff.

In neuerer Zeit werden übrigens die vegetabilischen Gerbstoffe auch durch chemische Präparate (Eisenoxyd- und Chromsalze) ersetzt, so daß man bereits Loh- und Eisengerbung unterscheidet und letztere der ersteren nicht unerhebliche Concurrenz bereitet.

Aus dem Saft der Ahorne wird Zucker und aus dem der Birke ein dem Weine ähnliches Getränk, aus dem der Nadelhölzer (Lärche venetianischer Terpentin) Terpentin und Harz gewonnen, das in der Technik, Industrie und Medizin Anwendung findet; die meisten Harze dienen zur Anfertigung von Harzfirnissen. Terpentin ist die aus der Rinde der Nadelhölzer ausfließende dickflüssige Masse, Harz ist erhärtetes Terpentin; der bei der Destillation des Terpentin verbleibende Rückstand ist das Colophonium, während das Destillat selbst das Terpentinöl enthält. Behufs der Harz-Gewinnung werden im Frühjahr bei den betreffenden Bäumen 2—3 Streifen Rinde von 3—5 cm Breite und 1 m Länge bis zum Splint gelöst und herausgenommen. In diesen Rinnen, Lachen genannt, sammelt sich von dem ausfließenden Safte das Harz, welches dann im Spätsommer herausgescharrt und zu Pech gesotten wird. Die Harznutzung sollte gänzlich verpönt sein. Das Holz der geharzten Bestände ist weniger dauerhaft, insbesondere als Nutzholz, und hat weniger Brenngüte, als das Holz von Beständen, in denen nicht geharzt wurde; der Massenzuwachs der Bestände wird geringer, und es zeigt sich häufig in geharzten Beständen die Rothfäule, indem durch die Verwundung der Stämme der Zutritt der Pilze erleichtert wird; auch durch Wind und Schneebruch wird mehr geschadet, weil das Holz an Zähigkeit und Elasticität verliert.

Wo jedoch Harznutzung stattfindet, ist darauf zu sehen, daß die Lachen nicht länger als 1 m und nicht allzutief am Stamme gemacht werden, daß nur in haubaren und den in der nächsten Zeit (innerhalb 12 Jahren) zum Hiebe gelangenden Beständen geharzt wird, daß am einzelnen Stamme nicht mehr als einige Rinnen gerissen werden und nicht im Frühjahre gescharrt wird. Das beim Harzscharren gewonnene Harz wird in einem Kessel mit Wasser gekocht, in einen Sack von grober Leinwand gegossen und mittelst einer Presse ausgepreßt. 100 Kilo reines Harz geben circa 60—70 Kilo Pech.

Die Gewinnung von venetianischem Terpentin bei den Lärchen findet statt, indem man im Frühjahr mit einem zollstarken Löffelbohrer über dem Stock der Lärchen horizontale Löcher bis zum Marke bohrt, dieselben dann mit einem Pfropfe verschließt, worauf dann im Herbste, bis wohin sich diese Röhren mit Harz gefüllt haben, solches mit einem vorne löffelartigen Eisen herausgeschöpft, und das Loch wieder zugepfropft wird. Nach Wessely soll dieses Harzen, wenn man die Löcher immer verschlossen hält, den Bäumen nicht schaden. Da aber das Harz doch nur mit Verletzung des Baumes zu gewinnen ist, ferner an Harzreichthum immer ein Theil verloren geht, während gerade der starke Harzgehalt die Dauerhaftigkeit des Nadelholzes bedingt, d. h. solches gegen Fäulniß und gegen Wurmfraß widerstandsfähiger macht, so möchte solches zu bezweifeln sein. Aus dem

Kambial= d. h. Rohsaft des Nadelholzes, wird das sogenannte Coniferin und aus solchem das Vanillin gewonnen (Bestandtheil der Vanille, eines kostbaren Gewürzes).

Die Gewinnung von Theer findet, wenn nicht schon gelegentlich der Verkohlung in Meilern, in eigenen Theeröfen mit 2 Schürlöchern statt, in welche das Kienholz (kleingespaltenes Wurzel= und Stockholz von harzreichen Kiefern) so dicht als möglich eingesetzt und bei gelinder Hitze (trockene Destillation oder Verkohlung) verbrannt wird. Der Theer oder flüssiges Harz wird hiebei durch Abzugskanäle aufgefangen und im Pechkessel zu Pech eingesotten. Durch unvollkommene Verbrennung sehr harzreichen Holzes und anderer kohlenstoffreicher Stoffe wird auch **Kienruß** erzeugt, der zur Buchdruckerschwärze verwendet wird; ein zweites Destillationsprodukt, der Holzessig, dient zur Bereitung von reiner Essigsäure und zur Fabrikation verschiedener essigsaurer Salze, die zur Kattundruckerei Verwendung finden.

Aus der Holzasche gewinnt man die Potasche (kohlensaures Kali), indem man die leichtlöslichen Kalisalze mit Wasser auslaugt, die Lauge abdampft und den Rückstand glüht. Potasche wird zur Bereitung von Glas, Seife 2c. verwendet.

Die Benützung der Blüthen und Früchte ist ziemlich beschränkt. Von Vogel= und Wachholderbeeren wird guter Branntwein fabrizirt, Bucheln und Lindensamen geben Oel, Eicheln gute Mast für Schweine. Blüthen der Linden geben guten Thee und Nahrung für Bienen. Früchte der edlen Kastanie werden verspeist. Kiefernnadeln geben Waldwolle und Oel, von den Moosen wird das Tamariskenmoos zur Fertigung künstlicher Blumen, das in nassen Waldorten wachsende Polytrichum zur Bürstenfabrikation verwendet. Von Binsen und Schachtelhalm werden Futterale bereitet. Unter den Flechten findet das isländische Moos in der Arzneikunde gegen Lungenkrankheiten, dann außerdem die Färberflechte zur Bereitung der blauen Lakmusfarbe Verwendung.

Das Laub bei der Schneidel= und Kopfholzwirthschaft, insbesondere Pappeln=, Akazien=, Birken= und Lindenlaub, wird grün oder getrocknet gefüttert und lieben solches vor Allem Schafe und Ziegen.

Unter Leseholz wird das dürre, zu Boden gefallene Holz verstanden, welches mit der Hand aufgelesen werden kann. Das Leseholz ist in nationalökonomischer Beziehung wichtig, weil ein Material nutzbar gemacht wird, das der ärmsten Klasse der Bewohner zufließt, denen es sonst nicht möglich wäre, auf rechtliche Weise sich Holz zu erwerben. Beim Sammeln ist der Gebrauch von Wagen und eisernen Werkzeugen untersagt; für die Sammlung sind bestimmte Tage festzusetzen, und es sind Leseholzscheine mit Anweisung des betreffenden Distriktes zu verabreichen. Zur Erziehung astreinen Nutzholzes dürfte nach Umständen gestattet werden, daß die Leseholzsammler die dürren Aeste mittelst der Säge entfernen.

Waldstreu ist ein Ergebniß der Bäume oder niederen Bodenvegetation und wird hienach entweder mit Rech- und Schneidelstreu oder Pflanzenstreu bezeichnet. Die Waldstreu dient zur Trockenlegung des Viehes und zur Vermehrung des Düngers. Bezüglich des Streuwerthes (Aufsaugungsvermögens) steht die Moosstreu obenan, dann folgt Stroh, Buchenlaub, Fichtennadeln und zuletzt Haide. Der Düngerwerth (Ersatzmittel für die dem Boden entzogenen Nährstoffe) ist bei allen Waldstreusorten hinsichtlich der mineralischen Nährstoffe, Kali und Phosphorsäure, gering, während der Stickstoffgehalt bei der Moosstreu und den Kiefernnadeln größer ist, als beim Stroh.

Rechstreu. Wo nur immer möglich (Ablösung der Streurechte) ist jede Rechstreunutzung aus dem Walde zu entfernen, weil durch Entnahme der Streu der Waldboden nahrungslos und dadurch eine Verminderung der Blatt- und Holzproduktion herbeigeführt wird. Mit jedem Ster Holz entfernen wir eine gewisse Menge von Bodenbestandtheilen, kommt noch dazu die Nutzung von Streu und Gras, so reicht der durch die Verwitterung der Gesteine gelieferte Ersatz nicht hin, um den Waldboden auf gleicher Stufe der Fruchtbarkeit zu erhalten. Durch die verschiedenen Abfälle: Blätter, Nadeln, Dürrholz, geben aber die Bäume einen beträchtlichen Theil jener Aschentheile als Bodenbestandtheile wieder dem Boden zurück. Nicht allein unmittelbar, sondern auch mittelbar hat die Streu einen günstigen Einfluß auf's Wachsthum der

Bäume; es wird namentlich an Hängen das Wasser durch sie aufgesaugt und festgehalten. Sie muß den Boden frisch erhalten, den austrocknenden Sonnenstrahlen und Winden steuern und muß auch dafür sorgen, daß den Baumwurzeln im Boden sich immer erneuernder Vorrath verweslicher Stoffe geboten sei; die Waldstreu muß also nicht allein schützend, feuchterhaltend, sondern auch boden= verbessernd, düngend wirken. Der Einfluß der Streudecke auf die physikalische Beschaffenheit des Bodens ist von unschätzbarem Werth; besonders auf die Lockerheit, Wärme und Feuchtigkeit desselben. Auf Böden, welche wenig Kalk enthalten, machen sich die schädlichen Wirkungen der Streunutzung besonders geltend; je geringer daher der Kalkgehalt eines Bodens ist, desto größere Sorgfalt ist auf die Erhaltung der Streudecke zu verwenden.

Schneidelstreu, d. h. die kleinen Zweige von dem auf den Schlägen oder sonst gefälltem Holze, kann ohne Nachtheil zur Düngervermehrung aus dem Walde genommen werden, ebenso die aus Heidel=, Preissel= und Schwarzbeeren, Farren bestehende Pflanzenstreu, dagegen bringt eine Schneidelung oder theilweise Entastung junger Stämmchen, namentlich Fichtenstämmchen, leicht Nachtheile für den jungen Bestand; ja sie ist oft Ursache von später sich zeigenden anbrüchigen faulen Stellen im Innern der Stämme, ebenso werden hierdurch dem Baume anorganische Nährstoffe entzogen, namentlich Kali und Phosphorsäure.

Bei stattfindender Streunutzung ist zu beachten, daß nie in Jung= und Mittelhölzern, sondern erst in angehend haubaren Hölzern und haubaren Beständen, welche nicht in der nächsten Zeit zur Verjüngung gelangen, gerecht wird; daß ferner nicht jedes Jahr an ein und demselben Platze genützt wird, sondern ein mehrjähriger Wechsel, mindestens 6—10jähriger, je nach Holzart, Lage und Boden, und mindestens eine 6jährige Vorhege vor der Verjüngung stattfindet; daß beim Rechen der Boden verschont; daß die bereits in Zersetzung begriffene oder schon zersetzte Streuschichte dem Boden belassen wird, und keine eisernen Rechen beim Rechen verwendet werden, und schließlich die Streunutzung erst im Herbste vor oder während des Abfalles des neuen Laubes geschieht, damit das neu abfallende Laub den Boden wieder deckt. Die Normalstreuhaufen sind nun zu 2,5 m Länge, 2 m Breite und 1 m Höhe = 5 cbm oder 5 Ster zu setzen, welche einem zweispännigen Fuder entsprechen.

Waldgräserei. Sind die Pflanzen noch sehr klein, das Gras aber dicht, so ersticken solche häufig unter dem Gras, oder leiden aus Lichtentziehung, und es gewährt das niedergedrückte Gras den Mäusen Aufenthalt; daher vorsichtiges Ausschneiden und Ausrupfen des Grases häufig für die Pflanzen eher von Vortheil als Nachtheil ist, nur in Nieder= und Mittelwald ist die Grasnutzung ausgeschlossen. Selbstverständlich darf diese Nutzung nur auf Grund von Grasrupfscheinen mit Bezeichnung der Nutzorte 2c. geschehen. Größere Blößen und noch unaufgeforstete Wiesenflächen in den Waldungen werden gewöhnlich auf ein oder mehrere Jahre zur Grasnutzung der öffentlichen Verpachtung unterstellt. In neuerer Zeit gewinnt auch die Seegrasnutzung (Waldhaar) Bedeutung.

Die Nutzung von Beeren, Schwämmen 2c. kommt nun immer mehr in Betracht. Hierher gehören: Preissel=, Erd=, Wachholder=, Heidel=, Him= und Brombeeren; dann die Steinpilze, Trüffel, Morcheln, die Ameisenlarven, isländisches Moos, Enzianwurzeln=; Preissel=, Schwarz= und Heidelbeeren bilden zur Zeit schon nicht unerhebliche Handelsartikel.

Vom Torf. Der Torf ist eine Anhäufung von aufgelösten, aber unverwesten Pflanzentheilen und bildet sich in stehendem Wasser bei undurchlassendem Untergrund oder auch bei Fähigkeit des Bodens, die Feuchtigkeit der Atmosphäre zu absorbiren und zurückzuhalten, welche Eigenschaft insbesondere die Sphagnumarten (Torfmoose) zu haben scheinen. Man unterscheidet Hochmoore und Wiesenmoore (Filze und Möser). Die Hoch= oder Kieselmoore entstehen auf tertiärkieselthoniger Unterlage in Thalmulden, am Fuße von Hügeln oder auf Bergrücken und verdanken die Bezeichnung „Hochmoor" ihrer Wölbung; die Wiesen= oder Kalkmoore, weite wiesenähnliche Flächen, bilden sich über Kiesablagerungen der Diluvial= und Alluvialzeit mit Thon=, Letten= oder Lehmschicht (Alm, alba terra, in Südbayern genannt). Hoch=

und Wiesenmoore unterscheiden sich auch durch die Verschiedenheit ihrer Vegetation, die Hochmoore zeigen den Charakter der Kiesel= flora, die Wiesenmoore den der Kalkflora, so ist für die Hochmoore Pinus pumilio (Filzkoppe mit niederliegendem Stamme) charakte= ristisch, die, wie die Sphagnum=Arten in den Wiesenmooren fehlen, welche dafür mit Halbgräsern überzogen sind. Die Bildung des Torfs geht auf die Weise vor sich, daß sich im stehenden Wasser eine Menge Algen und Conferven, d. h. schwimmende Moorgräser und sonstige Wasserpflanzen bilden, welche nach ihrem Absterben im Wasser niedersinken, sich nach und nach zum Torflager häufen, oder daß — wie in den Hochmooren — namentlich die ver= schiedenen Arten des Torfmooses (Sphagnum), dann die Sumpf= heide, die Sumpfbinsen ꝛc. die Bildung des Torflagers, dem sich später auch Landpflanzen, ja Holzgewächse beimischen, auf gleiche Weise bewirken. In dem versumpften Wurzelraume bilden sich vegetabilische und mineralische Säuren, welche bei Abschluß des Sauerstoffes die Fäulniß der Pflanzenreste verhindern, und nur deren Vermoderung begünstigen. Die untersten Schichten des Torfs sind bezüglich der Brennkraft am besten, und hat auf die Güte desselben der Vermoderungsprozeß den größten Einfluß, nicht die Art der Pflanzen. Es wird durch den Torf eine Menge Brenn= material gewonnen, und werden große Flächen von Waldboden nach stattgehabter Austorfung der Forstkultur zurückgegeben, nach= dem man wieder mehr von der nachhaltigen Benützung der Torf= gründe abgekommen ist, die sich auf die Regeneration des Torfes gründet. Bei unveränderter Moorbeschaffenheit soll der Nachwuchs des Torfs unter Umständen in 50 Jahren 2—3 m betragen können. Die Tiefe der Moore ist sehr verschieden. Bei den Torflagern Dänemarks, welche bis zu 10 m Mächtigkeit reichen, besteht die unterste Schicht nur aus Sphagnum palustre, dann finden sich Fichten, höher hinauf Eichen, Birken, Haseln und Aspen, während die jetzigen Wälder daselbst meist aus Buchen bestehen. Man kann daher aufeinanderfolgend eine Fichten=, Eichen= und Buchenperiode unterscheiden, wie bei der Ent= wicklungsgeschichte des Menschen eine Stein=, Eisen= und Bronze= Periode.

Vor Allem sind die Torfflächen vor der Benützung abzuräumen (Trockenplätze herzustellen), bis zu einem gewissen Grade zu entwässern (Vorsorge zu treffen, daß mittelst Schleußen die Stichwände im Winter unter Wasser gesetzt werden können), worauf zeitig im Frühjahre das Ausstechen der 44 cm langen, 12 cm breiten und 8—12 cm hohen Torfziegel mittelst senkrechten oder wagrechten Stiches zu beginnen und bis Ende August fortzusetzen ist, vorausgesetzt, daß sodann erfahrungsgemäß die Austrocknung der Torfziegel noch vollständig erfolgen kann. Man unterscheidet Stich-, Model- und Preßtorf. Bei niederen Holzpreisen kann nur ersterer fabrizirt werden, da die Kosten auf Modeln und Pressen sich allzu hoch belaufen. Bei Großbetrieben geschieht jedoch die Bereitung des Torfs mittelst Maschinen. Der Ster Torf hält circa 5—600 getrocknete Torfstücke im großen Durchschnitte zu $4\frac{1}{2}$—5 Centner, circa $6\frac{1}{2}$ Centner gutgetrockneten Torfs ersetzen 1 Ster Fichtenholz.

Das Verhältniß des Brennwerths des Stichtorfs zur Steinkohle ist durchschnittlich 66 : 100; das Volumen des frisch gestochenen Torfes verhält sich zu vollkommen getrocknetem wie 3 : 1, und je mehr der Torf beim Austrocknen an Volumen verliert, desto speckiger und desto besser ist derselbe. Beim Modeln wird der rohe Torf mit Beimengung von Wasser in Brei verarbeitet und in Model gedrückt; der Preßtorf wird in eigenen Pressen oder in Maschinen macerirt und gepreßt. Der Torf wurde gleich dem Holze auch verkohlt und zwar in Meilern oder besonderen Oefen; gibt aber schlechte Kohle und die Gewinnung ist mit größeren Kosten verbunden. Zur Zeit macht die Braunkohle, welche sich auch meist in der Nähe größerer Torflager findet, dem Torfe gefährliche Konkurrenz. Torf ist übrigens das beste Streusurrogat.*)

Kalk, Steinbrüche, Sand- und Mergelgruben, Kies und Erde gewähren oft eine bedeutende Nebennutzung im Walde. Meistens wird die Nutzung verpachtet und ist nur darauf zu sehen, daß der Abbau regelrecht geschieht, und die Grenzen eingehalten werden. Kies und Erde kommt meistens um die Forsttaxe und per Cubikmeter zur Abgabe.

---

*) Insbesondere die zerkleinerte Torfmulle der Hochmoore.

IV. Forsteinrichtung.

Unter Forsteinrichtung versteht man diejenigen Maßregeln, welche man anwendet, um den Ertrag eines Waldes, dessen Behandlung und Bewirthschaftung zu regeln, wobei im Allgemeinen das Princip des höchsten Massenertrags, der höchsten Massenproduktion, maßgebend ist.

Ihm gegenüber steht die forstliche Reinertragslehre, welche die Anforderung stellt, Wirthschaft und Ertrag so zu regeln, daß der höchste Reinertrag erzielt wird. Der wichtigste Faktor zur Ertragsregulirung bei der Reinertragslehre ist die Ermittelung des finanziellen Haubarkeitsalters, d. h. desjenigen Alters, bei dem Boden- und Verwaltungskapital durch den Geldwerth des laufenden jährlichen Zuwachses am höchsten sich verzinst, und werden als finanziell haubar diejenigen Bestände erachtet, deren Weiserprozent (i. e. die prozentale Verzinsung des Boden- und Verwaltungskapitales) unter dem angenommenen Wirthschaftszinsfuß (meist 3%) steht. Bei den gegenwärtigen Holzsortimentspreisen stellt sich dieses finanzielle Haubarkeitsalter um 20—40 Jahre niedriger, als seither der Umtrieb für die verschiedenen Holzarten angenommen wurde, daher allerdings die plötzliche Einführung der Reinertragslehre einen Mangel an Starkhölzern und eine Minderung der Holzvorräthe zur Folge haben müßte, wodurch auch später die Jahreseinnahme des Waldbesitzers aus dem Walde, weil er dann weniger und schwächeres und darum minder werthvolles Holz zu Markte bringt, kleiner ausfallen würde. Mit Minderung der Vorräthe an Starkhölzern und der damit in Zusammenhang stehenden Preissteigerungen hiefür erhöht sich aber auch naturgemäß wieder das finanzielle Abtriebsalter für die betreffenden Bestände, nnd dürfte solches mit dem jetzigen höheren sodann wieder so ziemlich übereinstimmen. Bei der prinzipiellen Richtigkeit der Reinertragslehre unterliegt es keinem Zweifel, daß die Grundsätze derselben im Allgemeinen bei der Waldwirthschaft immer mehr zur Geltung gelangen werden, wie sie schon jetzt bei der Privatwaldwirthschaft in Anwendung kommen, obgleich

nicht zu verkennen ist, daß der privatforstwirthschaftliche Stand=
punkt von dem staatsforstwirthschaftlichen sich vielfach unterscheidet.

Den größten Einfluß auf die Resultate der forstlichen Ren=
tabilitätsrechnung äußert neben dem Quantitäts= und Qualitäts=
zuwachse auch der sog. Theuerungszuwachs, d. h. die Zunahme
der Holzpreise, dessen Festsetzung aber mit Sicherheit nicht wohl
möglich ist.

Für die bayr. Staatswaldungen ist die Nachhaltigkeit der
Nutzung, d. h. eine gleichmäßige jährliche oder periodische Material=
nutzung auf einer bestimmten Fläche oberster Grundsatz und es
werfen die mit Nachhaltsbetrieb bewirthschafteten Waldungen
sichere, wenn auch geringere Zinsen ab.

Der nachhaltigen Nutzung ist man nun in Beziehung auf
die Fläche sicher, wenn man den Wald in so viele Schläge theilt,
als Jahre für den Umtrieb gesetzt sind, und dann alle Jahre den
an der Reihe stehenden Schlag nützt.

Der Ertrag wird dann aber häufig sehr verschieden sein,
daher suchte man später den Holzvorrath und den Durchschnitts=
zuwachs für den ganzen Waldkomplex zu erforschen und in die
verschiedenen Perioden so zu vertheilen, daß eine möglichst gleich=
förmige Nutzung mit Rücksicht auf die Flächenverhältnisse erlangt
wurde. Hierauf stützt sich die bayerische Forsteinrichtungs=In=
struktion (kombinirte Fachwerksmethode oder periodische Massen=
und Flächeneintheilung).

Sie bezweckt vor Allem eine entsprechende Wirthschafts=
einrichtung für die nächste Zeit, die sich zwar auf die Gesammt=
verhältnisse des Turnus stützt, ohne jedoch Betriebsoperationen
für spätere Perioden schon bestimmt vorschreiben zu wollen, so
daß die Betriebsregulirung nach Bedarf späterer Zeit stets
modifizirt werden kann.

Der Holzvorrath ist das Materialkapital, von welchem die
Zinsen (der Durchschnittszuwachs) genützt werden können; es wird
deshalb bei normaler Beschaffenheit des Waldes der jährliche Zu=
wachs auch den Etat (Abgabesatz) zu bilden haben.

Ein Waldkomplex befindet sich im normalen Zustande, wenn
die Betriebsart und die Holzarten den Bodenverhältnissen und

den Bedürfnissen entsprechen, und wenn insbesondere eine richtige Abstufung des Holzes vom jüngsten bis zum ältesten gleichmäßig vorhanden ist.

Man unterscheidet zwischen normalem und realem Holzertrag; ersterer ist der, welchen man unter Berücksichtigung des Standortes u. s. w. von einem Walde erhalten kann; Realertrag derjenige, welchen der Wald vermöge seiner dermaligen Beschaffenheit gibt.

Ist nun in einem Wald der gegenwärtige Holzvorrath größer als der normale, so kann auch die jährliche Nutzung oder der Etat ebenfalls größer sein; ist er kleiner, so wird auch der Etat kleiner gegriffen werden müssen, als sich aus dem gegenwärtigen Vorrath und Durchschnittszuwachs der nachhaltige Ertrag berechnet.

Es wird somit im Allgemeinen der Etat für die nächste Zeit (die nächsten 12 Jahre) aus dem Verhältniß des dermaligen Holzvorrathes zum normalen und zwar in der Weise ermittelt werden, daß, wenn man nach Maßgabe des Standortes und des passenden Umtriebes den normalen Vorrath und normalen Zuwachs ermittelt hat und mit dem ersteren in den letzteren dividirt (nach Hundeshagen das Nutzungsprozent erhebt) und dann den gegenwärtigen Vorrath mit dem Nutzungsprozent multiplizirt, man die Summe erhält, welche der jedesmaligen Ertragsfähigkeit eines Waldes am meisten entspricht.

Bei Entwerfung des Wirthschaftsplanes und bei jeder Ertragsregulirung muß vor Allem erstrebt werden, den Wald dem normalen Zustande nahe zu bringen; es ist dessen Ertrag zu bestimmen und festzusetzen, wie selber nachhaltig und in passender Weise aus dem Walde zu ziehen ist. Die sicherste Basis geben hiezu, wie schon bemerkt, die Flächenverhältnisse im weitesten Sinne des Wortes, z. B. in Bezug auf Altersklassenverhältnisse u. s. w.

Die Arbeiten nun, um dieses Ziel zu erreichen, theilen sich in die Vorbereitungen zum Forsteinrichtungsgeschäft, in das Geschäft selbst und in die Vorkehrungen zur Fortführung, Aufrechthaltung und Ergänzung der Resultate der Forsteinrichtunsgarbeiten.

Vermarkung und Abtheilung der Waldungen.

Vor Allem findet die Vermarkung und die Bildung von Wirthschaftskomplexen, Distrikten, Ab- und Unterabtheilungen statt. Die Vermarkung bezweckt die Sicherung des ärarialischen Eigenthums gegen Ansprüche Dritter. Die Grenzzeichen sind meist von Stein mit den Buchstaben *K. W.* auf der Seite gegen den Wald zu. Die Ordnungsnummern der Grenzzeichen werden in arabischer Ziffer auf jener Seitenfläche der Steine eingehauen, welche sich darbietet, wenn man, den Nummern folgend, von einem Grenzpunkte zum andern geht. Der Anfang mit Nr. 1 wird in der Regel zwischen Norden und Osten gemacht und wird gegen Osten weiter numerirt, so daß der Wald immer rechts bleibt, wenn man der Nummernfolge von Stein zu Stein folgt. Jede Inklave im Innern des Staatswaldes wird besonders vermarkt. Vermarkung mit Pfählen kommt nicht mehr häufig vor. Alle Scheitelpunkte der Grenzwinkel werden vermarkt und auf längeren geraden Linien werden Zwischensteine gesetzt, so daß man von jedem Markzeichen auf das nächste bequem sehen kann. An gemeinschaftlichen Grenzwegen werden die Marken abwechselnd rechts und links angebracht. Die Grenzbeschreibung enthält die natürliche Entfernung eines Grenzzeichens vom andern, die fortlaufende Nummer der Grenzzeichen, die Kulturart der angrenzenden Grundstücke und die Bezeichnung der Grenzwinkel, ob solche nämlich aus- oder einspringende sind. Nur die Feldgeschwornen sind befugt, Grenzzeichen zu heben, zu setzen u. s. w.

Bei Bildung des **Wirthschaftskomplexes** ist es Regel, für jedes Revier, wenn selbes nicht allzu groß und allzu verschieden ist, auch nur einen Wirthschaftskomplex zu bilden und nur, wenn große Theile des Reviers eine eigene Bewirthschaftung erheischen, können ausnahmsweise mehrere Komplexe gebildet werden. Bei ausgedehnten Waldmassen werden aber auch öfters mehrere Reviere, namentlich zur Ausgleichung der Altersklassen 2c., zu einem Komplex vereinigt.

Distrikt ist jeder abgesondert liegende Waldtheil (Parzelle) oder in größeren Waldungen ein Waldtheil von größerer Ausdehnung, der eine eigene Betriebsart erfordert oder in Beziehung auf Belastungs-, Holzausbringungs-Verhältnisse gleich ist, und wird mit römischer Ziffer bezeichnet.

Abtheilungen werden gebildet bei jeder Bestandsverschieden= heit, welche im Laufe des Umtriebes — womöglich im Einklang mit dem Terrain — zu einem gleichartigen größeren Ganzen sich gestalten, und welche beibehalten werden soll (ständiges Detail), oder auch bei größeren gleichartigen Waldmassen zur Erleichterung angemessener Schlagführung. Sie werden mit arabischer Ziffer bezeichnet.

Unterabtheilungen werden in der Abtheilung bei vorüber= gehenden Bestandsverschiedenheiten (unständiges Detail), welche durch die Bewirthschaftung ausgeglichen werden sollen, gebildet, und werden mit Litern bezeichnet. Flächen unter 1 ha werden nicht ausgeschieden.

Im großen Durchschnitte sollten die Abtheilungen nur 20— 25 ha halten. Bergrücken und Thäler, Flüsse, Bäche, Straßen, Weglinien dienen vorzugsweise zur Begrenzung der Distrikte und Abtheilungen. Je kleiner die Abtheilungen gebildet werden, desto leichter wird man in waldbaulicher Beziehung den Erfordernissen einer geregelten schlagweisen Wirthschaft mit natürlicher Verjün= gung Rechnung tragen können, denn durch viele und kleine Ab= theilungen, deren eine größere Zahl in Betrieb steht, wird eine zu große Concentrirung der Fällungen und eine allzubreite Aus= dehnung der Schläge vermieden. Es können ferner die Abthei= lungen leichter in gleichartige Ganze umgestaltet werden und lassen sich überhaupt nach Ablauf einer Periode die Folgen des Betriebes klarer überschauen. Die Distrikts= und Abtheilungs= linien sind aufzuhauen und durch Pfähle oder Steine an den Eckpunkten festzuhalten, die Unterabtheilungslinien werden durch Anplätzen der Bäume oder streifenweises Aufrechen der Boden= streu kenntlich gemacht.

Vermessung und Kartenanfertigung.

Nach vollendeter Abtheilung des Waldes hat die Detail= vermessung der Unterabtheilungen zu erfolgen (die Flächenziffern

für die Abtheilungen als Katasterobjekte werden durch die Landes-
vermessung erhalten), worauf die Herstellung der sogenannten
Hauptkarten im 5000 theiligen Maßstabe und der Bestandsüber-
sichtskarten oder Wirthschaftskarten im nunmehr 20,000 theiligen
Maßstabe zu geschehen hat.

In die Forsthauptkarten resp. aufgespannten Steuerblätter
wird das Unterabtheilungsdetail mit Blei behufs der Berechnung
desselben eingezeichnet.

Die Bestands-Ueberfichtskarten sollen einen Ueberblick über
die wirthschaftliche Eintheilung und die Bestandsverhältnisse gewähren; es wird deshalb die Betriebsart, die Bestandsart, ebenso
werden die Altersklassen durch verschiedene Farben und verschiedene
Nüancirung der Farben bezeichnet, wobei die 4. oder Klasse der
Junghölzer ganz weiß bleibt, die 3. oder Klasse der Mittelhölzer einmal, die 2. oder Klasse der angehend haubaren Bestände
dreimal und die 1. oder Klasse der haubaren Bestände fünfmal
mit derselben Tuschauflösung angelegt wird.

Für Mittel- und Niederwaldungen ist die Farbe: gelb.

Für Hochwaldungen, und zwar für die Eiche: braun,

Buche: saftgrün,

Laub- und Nadelholz: grünspangrün,

Weißtannen: blau,

Fichten: Tusch,

Fohre: roth,

Tanne und Fichte: violett,

Fohre und Fichte: rosa.

Ermittlung der Umtriebszeit.

Unter allgemeiner Umtriebszeit (Berechnungszeit, Forst-
einrichtungszeitraum) versteht man den Zeitraum, für welchen der
nachhaltige Ertrag ermittelt, und der Wald eingerichtet werden soll.

Verschieden ist hievon die besondere Umtriebszeit (Betriebsklasse), welche öfter in einem und demselben Komplex, z. B. bei
vorkommenden Hoch- und Niederwaldungen, zu bilden ist, wenn
ansehnliche Flächen eine von den übrigen Flächen verschiedene
Umtriebszeit bedingen. Die allgemeine Umtriebszeit fällt mit

der besonderen zusammen, wenn für sämmtliche Bestände eines Wirthschafts-Komplexes einerlei Umtriebszeit angenommen werden kann.

Durch die Zuwachsberechnung und Ertragsausmittlung muß der Zeitpunkt der höchsten Massenproduktion gefunden werden, bei welchem der Durchschnittszuwachs ein Maximum erreicht und auf kleinster Fläche die größte Holzmasse produzirt wird. In der Regel ist dieser Zeitpunkt auch derjenige, bei welchem der Wiederwuchs durch natürliche Besamung am sichersten zu erwarten ist, und es wird derselbe dann als allgemeine Umtriebszeit auch angenommen werden, wenn nicht andere Rücksichten, wie Erzielung des höchsten Geldeinkommens oder des größten Reinertrags, besondere technische Verwendbarkeit des Holzes ꝛc., eine andere allgemeine Umtriebszeit wünschenswerth machen. Man unterscheidet sonach eine technische Umtriebszeit, bei welcher das Holz zu einem gewissen Zwecke am geeignetsten ist, dann eine Umtriebszeit des höchsten Massen- oder des höchsten Werths- des höchsten Bruttogeldertrags, und des größten Reinertrags.

Im Zweifel nimmt man die Umtriebszeit für die Staatswaldungen eher etwas zu hoch, als zu niedrig an, weil höhere Umtriebe eine größere Auswahl von Holzsortimenten gestatten, obgleich bei gutem Boden schon bei 96 jährigem Umtriebe die gewöhnlichen Starkhölzer gezogen werden können; bei niederem Umtrieb verliert der Boden mehr Mineralstoffe, als bei hohem Umtrieb, denn das Stangenholz macht mehr Ansprüche an Mineralstoffe, als das ältere Stammholz.

Altersklassen-Tabelle.

Die Altersklassen-Tabelle besteht darin, daß die allgemeine Umtriebszeit in vier Theile getheilt wird, und daß z. B. bei 120 jährigem Umtrieb die 4. oder Jungholzklasse die Bestände vom 1.—30. Jahre, die 3. oder Mittelholzklasse die vom 31.—60., die 2. oder angehend haubare Klasse die vom 61.—90., die 1. oder haubare Klasse die vom 91.—120. Jahre umfaßt, und daß die einzelnen Unterabtheilungen nach ihrem dermaligen Bestandsalter in die sogenannte Altersklassen-Tabelle mit ihren Flächen-größen entsprechend eingesetzt werden.

Perioden-Tabelle.

Nach festgesetzter allgemeiner Umtriebszeit wird dieselbe in Wirthschaftsperioden zu 24 Jahren (bei Niederwald zu 12 Jahren) zerlegt, und werden die einzelnen Unterabtheilungen mit ihren Flächen und ihrem muthmaßlichen Ertrag zur Zeit der Haubarkeit in die bezügliche Periode eingesetzt.

Hiebei, nämlich bei Vertheilung der Flächen in die ver-schiedenen Perioden, muß auf die für geordnete Schlagführung geltenden Regeln Rücksicht genommen, d. h. es muß darauf geachtet werden, daß die Bestände nach und nach in eine richtige, gegen die Winde sichernde Reihenfolge kommen, daß unwüchsige Hölzer früher, die besseren später zum Hiebe gelangen u. s. w.

Die auf vorgenannte Weise hergestellte Perioden-Tabelle bildet somit auch den generellen Betriebsplan. Zur Bestimmung des Haubarkeitsertrages wird vor Allem der gegenwärtige Holz-vorrath ermittelt; aus dem Holzvorrath, dem jährlichen Zuwachs und der Abtriebszeit ergibt sich der künftige Haubarkeitsertrag. Die Rechnungseinheit bei der Abschätzung und Abschätzungskon-trole bildet für die Folge das Cubikmeter fester Holzmasse (der Festmeter). Es stehen z. B. zur Zeit auf einem Hektar 600 cbm Holz; der jährliche Zuwachs sei 9 cbm und der Abtrieb finde erst in 30 Jahren statt, so wird der Haubarkeitsertrag pro Hektar 870 cbm betragen.

Der Holzvorrath wird entweder durch wirkliche Messung oder bloße Schätzung ermittelt. Die Ertragsbestimmung nach gutacht-licher Schätzung geschieht entweder mit Zuhilfenahme schon be-stehender Ertragstafeln, oder durch Herstellung von Normal-erfahrungstafeln auf Grund aufzunehmender Probeflächen, oder auch durch spezielle Probeflächen für den treffenden Komplex. Nach den Untersuchungen von Baur bildet die durchschnittliche Bestandshöhe einen sicheren Maßstab für die Beurtheilung der Standortsgüte und es kann in vollkommenen Beständen von ihr auf die Massenhaltigkeit geschlossen werden (vide die betr. Tafeln).

Durch Division des pro Hektar erhaltenen Vorrathes mit dem Alter des Bestandes ergibt sich der bisherige Durchschnittszuwachs.

Zur Bestimmung des Haubarkeitsertrages der älteren Bestände gibt der bisherige Durchschnittszuwachs den besten Anhalt, indem, wie schon vorbemerkt, der vorhandenen Holzmasse der Durchschnittszuwachs sovielmal zugeschlagen wird, als noch Jahre bis zum Abtrieb vergehen.

Die Haubarkeitserträge junger Bestände werden mittelst Angleichung an ältere, in gleichen Verhältnissen stehende, unter Erwägung der Produktionsfähigkeit derselben eingeschätzt.

Um nun zu einer Uebersicht des periodischen, wahrscheinlichen Ertrages, sowie des nachhaltigen Ertrages für die ganze Berechnungszeit zu gelangen, wird der Materialertrag der verschiedenen Perioden zusammengestellt.

Wie schon bemerkt, macht die Perioden=Tabelle den generellen Betriebsplan ersichtlich, und es sind Unterabtheilungen, welche im Laufe der Berechnungszeit gar nicht in Angriff kommen mit einem *, und solche, welche zweimal verjüngt werden sollen, durch Unterstreichen kenntlich zu machen.

Solche doppelte Einreihungen in die Perioden=Tabelle innerhalb ein und derselben Betriebsklasse bleiben auf solche Fälle beschränkt, in welchen die Bestandsverhältnisse und die Hiebsordnung sie unvermeidlich machen, und man hat dann auf eine Ausgleichung mittelst Nichteinreihung anderer Flächen Bedacht zu nehmen.

Nur für die erste Periode werden speziell die verschiedenen Hiebsarten mit ihrem Ertrage inklusive der Durchforstungen rc. aufgeführt, sonst wird im Allgemeinen nur der Haubarkeitsertrag und der Anfall an Zwischennutzungen für jede Periode ausgesetzt.

Behufs Ermittlung des Materialanfalles an Zwischennutzungen sind größere Probeflächen durchforsten zu lassen. Diejenigen Materialanfälle, welche als Reserve in den nächsten Turnus übergehen, sind vom dermaligen Vorrathe abzuziehen.

Ermittlung des Abgabesatzes.

Der normale nachhaltige Ertrag, welcher sich nun für den Komplex oder die einzelnen Betriebsklassen aus der Division des ganzen gefundenen Materialertrages mit der Anzahl der Jahre der Betriebsklasse ergibt und resp. der jährliche Durchschnitts= zuwachs pro Hektar, welcher sich durch Division des Ertrags pro Hektar mit der Anzahl der Jahre der Berechnungszeit er= gibt, kann als Etat nur bei normaler Beschaffenheit des Waldes angenommen werden, wenn nämlich ein geordnetes Altersklassen= verhältniß schon vorhanden ist, und der Materialanfall in den verschiedenen Perioden sich gleichgestellt hat.

Außerdem wird sich zwar der Etat in der Hauptsache auf das Ertragsvermögen gründen, ist aber mit Rücksicht auf nach= haltigen Flächenangriff und insbesondere nach Maßgabe der Alters= klassenverhältnisse und des disponibeln Holzvorrathes in den beiden älteren Perioden zur Einlenkung in geordnete Altersklassenverhält= nisse festzusetzen. Stehen z. B. die beiden älteren Altersklassen in ihren Materialvorräthen der normalen Größe nahezu gleich, so wird als Abgabesatz der normal nachhaltige Ertrag angenommen werden können, haben solche aber einen Ueberschuß an Material gegen die normale Größe, so sind vor Allem die Mittelhölzer ins Auge zu fassen; stehen solche unter der normalen Größe, so muß vom Ueberschuß der beiden älteren Klassen das hier be= stehende Defizit gedeckt werden und der verbleibende wirkliche Ueberschuß ist auf die beiden ersten Perioden zu vertheilen. Er= reichen die Materialvorräthe der beiden älteren Klassen oder Perioden die normale Größe nicht, so muß der normale Ertrag entsprechend ermäßigt werden, wenn nicht durch Durchforstungs= erträge, Auszugshauungen 2c. das vorhandene Defizit gedeckt werden kann.

Für Zwischennutzungen wird der Abgabesatz meist nach dem muthmaßlichen Ergebnisse der Durchforstungen und Reinigungen in den nächsten 12 Jahren festgesetzt.

Fällungsplan.

Nach Bestimmung des Abgabesatzes wird in den speziellen Wirthschafts= resp. Fällungsplan für die nächsten 12 Jahre so viel Material an Haupt= und Zwischennutzungen eingestellt, als zur Deckung des Etats hiefür nöthig ist. (Material aus solchen

Flächen, welche mit einem Angriffs=, Nachhieb, einem Auszugs= oder Plänterhiebe in den Wirthschaftsplan für die nächste Zeit eingestellt sind, wird der Hauptnutzung, Materialanfall aus allen übrigen Flächen der Zwischennutzung zugezählt, z. B. der Anfall aus Durchforstungen, Reinigungen, Vorbereitungshieben, soweit solche nicht die Verjüngung zum Zwecke haben, in welchem Falle derlei Vorhauungen der Hauptnutzung angehören.) Selbstverständlich werden hiebei vor Allem die in die erste Periode eingestellten Unterabtheilungen berücksichtigt, und werden gleich wie bei der sog. Bestandswirthschaft mit Rücksicht auf geordnete Hiebsfolge alle hiebsreifen Bestände und jene, welche geringen Werthszuwachs zeigen, zuerst zum Abtriebe bestimmt.

Der Fällungsplan bestimmt die Grenzen, innerhalb welcher der ausübende Forstmann sich zu bewegen hat. Gewöhnlich dotirt man die Fällungspläne mit einem auf 16—20 Jahre ausreichenden Materialquantum, um den Wirthschafter nicht zu sehr zu beengen.

Kulturplan.

Wie ein spezieller Wirthschaftsplan, so ist auch ein spezieller Kulturplan für die nächsten 12 Jahre zu entwerfen. Derselbe nimmt neben den Retardaten aus dem verflossenen Zeitabschnitte alle diejenigen Verbesserungen auf, welche insbesondere der fortschreitende Fällungsbetrieb erfordert, wie die nöthigen Saaten, Pflanzungen, Ausgaben auf Unterhaltung von Saatkämpen, auf Schlagpflege, auf Kulturgeräthschaften ꝛc. und wird der Vortrag nach Distrikten und Abtheilungen geordnet.

Wegbau= und Streunutzungsplan.

Ebenso wird für die neuen Wegbauten und Wegbaunachbesserungen ein Wegbauplan für 12 Jahre hergestellt, und wo Streunutzung stattfindet, ein Streunutzungsplan, letzterer jedoch in der Regel nur auf 6 Jahre.

Kontrolbücher.

Zur Abgleichung des jährlichen Fällungsergebnisses mit dem Etat, überhaupt zur Kontrolirung der Forsteinrichtung und nament=

lich zur Kontrole der Materialeinschätzung gegenüber dem Er=
gebnisse werden sogenannte Wirthschaftsbücher angelegt, und theilen
sich selbe ins Wirthschaftshauptbuch und das Wirthschaftskontrol=
buch. Im Wirthschaftskontrolbuch wird für jede Unterabtheilung
ein eigenes Konto angelegt, und in selbigem die sämmtlichen
Materialanfälle alljährlich mit Ausscheidung von Haupt= und
Zwischennutzung vorgetragen. Am Schlusse des Zeitabschnittes
werden sodann die Materialanfälle für jede Unterabtheilung summirt,
abtheilungsweise zusammengestellt und ins Hauptbuch nach Ab=
theilungen übertragen. Letzteres ist daher bestimmt, den Gesammt=
ertrag einer Abtheilung für den ganzen Turnus mit Ausscheidung
von Haupt- und Zwischennutzung in eine Zeile für jeden Zeit=
abschnitt von 12 Jahren zusammenzustellen.

Forstbeschreibung.

Solche scheidet sich in die generelle und spezielle. Die gene=
relle handelt von den allgemeinen Verhältnissen des zu beschrei=
benden Bezirks; die spezielle von solchen jeder Bestandsabtheilung.
Diese Beschreibungen, sammt den dazu gehörigen Tabellen, Flächen=
verzeichnissen, Altersklassenübersichten, Perioden=Tabellen, Grund=
lagenprotokollen, Massenaufnahmen und Ertragsberechnungen, sowie
die periodischen Betriebspläne bilden das Forsteinrichtungsoperat,
welche von einem Regierungskommissär an Ort und Stelle ge=
prüft und vom Ministerium der Finanzen genehmigt wird.

Bestandsrevision.

Behufs Ergänzung und Aufrechthaltung der Resultate der
Forsteinrichtung haben von 12—12 Jahren Bestandsrevisionen
einzutreten, und werden umfassende und einfache Bestandsrevisionen
unterschieden.

Umfassende Bestandsrevisionen haben einzutreten bei durch=
greifenden Aenderungen an ständigem und unständigem Detail
(Ab= und Unterabtheilung) durch Kauf, Abtretungen, Tausch, oder
wenn der generelle Betriebsplan (die Perioden=Tabelle) in Folge
von Elementarereignissen, fehlerhaften Einschätzungen 2c. so wesent=
lich alterirt wurde, daß sich voraussichtlich bei Anfertigung einer

neuen Perioden-Tabelle ein viel höherer oder niederer Durch=
schnittszuwachs herausstellen wird. Sonst treten die einfachen
Bestandsrevisionen ein.

Bei der einfachen, wie umfassenden Bestandsrevision ist die
Altersklassen-Tabelle und die Wirthschaftskarte zu erneuern, sind
die Wirthschaftsbücher mit Abgleichung von „Soll und Haben"
abzuschließen, ist der Abgabesatz für die nächste Zeit an Haupt=
und Zwischennutzungen neu zu reguliren, und sind neue spezielle
Betriebspläne (Kultur=, Fällungs= uud Wegbaupläne) her= und
schließlich Erörterungen über den Vollzug des Betriebes, dann
über Begründung des neuen Etats 2c. anzustellen, in welch'
letzterer Beziehung insbesondere etwa vorgekommene Aenderungen
am Waldareale, Mehr= oder Minderfällungen gegen den bisherigen
Etat nach Material und Fläche, das wirkliche Fällungsergebniß
gegenüber der Schätzung, endlich der Einfluß, welchen der bis=
herige Etat auf das Altersklassen-Verhältniß übte, maßgebend sind.

Bei der umfassenden Revision kommt hiezu noch die Ent=
werfung eines neuen generellen Betriebsplanes (Perioden-Tabelle)
mit neuem terminus a quo (Zeitpunkt, von welchem an die Be=
triebsregulirung datirt), Vornahme etwaiger nöthiger Aenderungen
an der Bestands= und Distriktsabtheilung, entsprechende neue
Literirung der Unterabtheilungen, neue Berathung und Feststellung
der Hauptwirthschaftsgrundlagen.

V. Waldwerthberechnung.

Die Werthberechnung eines Waldes geschieht entweder, um
den Werth desselben zum Zwecke sofortigen Abtriebes des Holzes
oder zum Zwecke nachhaltiger forstlicher Benutzung des Waldes
oder behufs der Expropriation, behufs eines Tausches, einer
Arrondirung oder zum Zwecke der Besteuerung kennen zu lernen.

Für jeden dieser Fälle ist die Berechnung des Werthes des
Waldes eine verschiedene.

Zum Zweck der augenblicklichen Nutzung des Holzes (der
Spekulation) wird der gegenwärtige Holzvorrath erhoben, der=
selbe nach Sortimenten ausgeschieden und der Werth hiefür nach

Abzug der Fabrikationskosten mit Zurechnung des Bodenwerthes bestimmt. Das jüngste Holz hat in der Regel für sofortige Benutzung keinen Werth und bleibt außer Berechnung, und für den Fall, daß dabei ein großes, anfallendes Holzquantum nicht sogleich versilbert werden kann, muß von der Werthsumme der zu erwartende Zinsenverlust selbstverständlich in Abzug kommen.

Zum Zwecke nachhaltiger Benützung eines Waldes kann jedoch nur der nachhaltige Reinertrag desselben, der sich auf den nachhaltigen Ertrag gründet, in Rechnung kommen, oder mit anderen Worten, der forstliche Ertragswerth, welcher zu kapitalisiren und für den Fall, daß er noch nicht sogleich oder erst in Zeiträumen bezogen werden kann, entsprechend zu diskontiren, d. h. mit Abzug zu bezahlen ist.

Der forstliche Ertragswerth ist zu ermitteln entweder aus dem durchschnittlichen Geldertrag der anliegenden Waldungen, wenn der dermalige Abgabesatz dem normalen nachhaltigen Ertrag nahe steht, oder aus dem pro Hektar zu ermittelnden Durchschnittsertrag des betreffenden Objektes nach Abzug der Kultur-, Verwaltungs- 2c. Kosten, und bildet in beiden Fällen der 25 fache Betrag des jährlichen Durchschnittsertrags den forstlichen Ertragswerth pro Hektar.

Der forstliche Ertragswerth gründet sich auf den nachhaltigen Etat und bezeichnet den durchschnittlichen Ertrag bestockter Waldungen bei regelmäßigem Altersklassenverhältniß, stellt somit den durchschnittlichen Werth eines Hektar Waldes dar, in welchem alle Altersklassen gleichmäßig vertreten sind, oder der mit Holz von mittlerem Umtriebsalter bestockt ist; will derselbe daher auch auf unbestockte Flächen angewendet werden, so kann solches nur in Rücksicht darauf geschehen, daß nach der Aufforstung die Fläche einen Zuwachs an Holz gewährt und es bei einem größeren Komplex gleichgültig ist, ob der Zuwachs am jungen oder alten Holze erfolgt. Es ist dieser Werth dann aber in der Regel das Maximum der Werthveranschlagung oder der relative Werth, der nur im äußersten Falle zu bieten ist.

Will derselbe zur Werthbestimmung für Mittel- und Jung- hölzer angewendet werden, deren Gebrauchswerth viel niedriger ist,

als jener der angehend haubaren oder haubaren Hölzer, so müßte
z. B. bei 100jährigem Umtriebe für ein 10jähriges Jungholz bei
Annahme von 30 Mk. Durchschnittsertrag der treffenden Waldungen
der Werth desselben pro Hektar folgendermaßen berechnet werden:

Bei 4 % beträgt der kapitalisirte Durchschnittsertrag von
30 Mk. = 750 Mk. und nach Abzug des Bodenwerthes von
300 Mk. pro Hektar der Werth des Bestandes allein = 450 Mk.

Dieser forstliche Ertragswerth entspricht aber streng. genommen nur dem Werth eines Hektars dieses Bestandes von
dem mittleren Umtriebsalter zu 50 Jahren; es hätte sich somit
im Laufe der Jahre der Bestand durchschnittlich um $^{450}/_{50}$ Mk.
= 9 Mk. gemehrt und würde daher der Werth für den 10jährigen
Bestand betragen 10 × 9 Mk. = 90 Mk. und mit Hinzu-
nahme des Bodenwerthes von 300 Mk. pro Hektar = 390 Mk.

In älteren, angehend haubaren und haubaren Beständen
werden jedoch in der Regel die Holzvorräthe speziell aufgenommen.

Bei Bestimmung des Werthes für Grund und Boden dienen
in der Regel die örtlichen Verkaufspreise, oder dient der Steuerwerth zum Anhalt, desgleichen bei Bestimmung des Werthes für
absoluten Waldboden, oder auch der forstliche Ertragswerth. Der
Steuerwerth ergibt sich durch Kapitalisirung der die Bonitätsklasse
(die Ertragsfähigkeit) eines Grundstückes von bestimmter Größe im
Steuerkataster bezeichnenden Zahl, wobei in der Regel der vier-
prozentige Zinsfuß zur Anwendung kommt.

Bei Expropriationen (Zwangsabtretungen) muß außer dem
Werth für den Boden noch eine Vergütung für indirekte, dem
Besitzer zugefügte Beeinträchtigung eintreten. Meistentheils wird
die vorhandene Bestockung dem Besitzer überlassen; war die abzu-
tretende Fläche aber mit Jung- oder Mittelholz bestockt, in welchem
Falle dem Waldeigenthümer am Nutzungswerth und Zuwachs
des Holzes ein Verlust beim Abtrieb zugeht, so muß derselbe
auch für den Rentenverlust in Folge des unzeitigen Holzabtriebes
Ersatz erhalten, und zwar müßte demselben die Differenz des sich
nach dem Durchschnittsertrag, z. B. von 30 Mk. pro Hektar, be-
rechnenden Holzwerthes und des wirklichen zur Zeit zu erzielenden
Erlöses vergütet werden. Müßte z. B. ein 20jähriges Jung-

holz abgetrieben werden, so berechnet sich der Werth desselben nach dem angenommenen Durchschnittsertrag von 30 Mk. auf $30 \times 20 = 600$ Mk. pro Hektar. Beträgt aber der gegenwärtige Erlös des Materials z. B. nur 500 Mk., so sind dem Eigenthümer neben dem Bodenwerth noch 100 Mk. für seinen weiteren Verlust zu vergüten.

Der Werth des mit haubarem oder angehend haubarem Holz bestockten Bodens wird auf Grund des durchschnittlichen Ertrages des betreffenden Waldkomplexes ermittelt.

Bei Werthberechnung eines Waldes, der zu Tausch oder Arrondirung sich eignet, kann noch der relative Werth in Betracht gezogen werden, welchen das Erwerbungsobjekt in Verbindung mit den treffenden Waldungen hat.

Die Werthsveranschlagung des Grund und Bodens behufs der Besteuerung bezweckt, einen entsprechenden Theil vom Reinertrage des Grund und Bodens (die Grundsteuer) zu den Staatslasten heranzuziehen, und es wird die Grundsteuer aus dem Flächeninhalte und der Ertragsfähigkeit oder aus dem reinen Ertrage des zu besteuernden Grundstücks ermittelt.

Nach den bezüglichen bayerischen Bestimmungen können bei Erwerbung kleiner Wald=Inklaven der Werthsberechnung des Grund und Bodens die örtlichen Verkaufspreise zu Grunde gelegt werden und ist dem Bodenwerthe der Werth des etwaigen Holzvorrathes noch zuzuschlagen, während bei Erwerbung sonstiger kleiner Objekte und zwar bei unbestockten Flächen der Steuer= oder der Kurrentwerth, und für Jung= und Mittelhölzer der forstliche Ertragswerth als das Maximum des Kaufpreises zu betrachten ist.

Bei Erwerbung größerer Waldkomplexe hat sich die Werthsberechnung auf den nachhaltigen Ertrag zu gründen. Der Kapitalwerth des nachhaltigen jährlichen Material=Ertrags nach Abzug der Lasten und Abgaben ist sodann als nachhaltiger Materialetatswerth auch jener für den Waldkomplex.

VI. Forstverfassung.

Die Forstverfassung umfaßt diejenigen geschäftlichen Veranstaltungen, welche zum Zwecke eines regelmäßigen Forstbetriebes im Allgemeinen getroffen sind. Einen Theil der Forstverfassung bildet die Forstverwaltung, welche sich mit dem Betrieb des Forsthaushaltes im Walde selbst befaßt.

Die Forstverfassung zerfällt in Direktion mit Kontrole, Forstverwaltung, Forstrechnungswesen, Forstgesetzgebung und Forstpolizei, Jagdverwaltung.

Direktion.

Die Direktion wird sich vor Allem mit einer zweckmäßigen Verwaltungsorganisation zu befassen haben. Hiebei sind Organe für den Forstschutz, für die Verwaltung, für die Kontrole und für die Direktion nöthig, und es bilden sich hienach Verwaltungsbezirke, d. h. Oberförstereien mit Abtheilung in Schutzbezirke, ferner Mittelstellen mit Abtheilung in bestimmte Inspektionsbezirke, und die Direktionsbehörde. Dem Wirthschafts- oder Verwaltungsbeamten liegt der unmittelbare Wirthschaftsvollzug, dem Kontrole- oder Inspektionsbeamten die Ueberwachung des letzteren, und der Direktionsbehörde die Oberleitung des Ganzen ob; der Schwerpunkt der wirthschaftlichen Thätigkeit ist stets in die Hand des verwaltenden Beamten zu legen. Die Verwaltungs- wie Inspektionsbezirke sollten nie größer sein, als daß der Verwaltungsbeamte den ganzen Betrieb selbst in der Hand halten, und der Inspektionsbeamte den Betrieb und die Verwaltung auch wirklich kontroliren kann.

Die Direktion hat ferner im Allgemeinen den Wirthschaftsbetrieb, die zu erziehenden Holzarten, die Art des Wiederanbaues der Waldungen, überhaupt die leitenden Prinzipien, nach welchen die Forste zu benützen und zu behandeln sind, aufzustellen; sie hat die Anknüpfung zweckmäßiger Tauschunterhandlungen, Käufe, Verkäufe zu veranlassen, hat die Dienstesinstruktionen zu erlassen und darin zu bestimmen, welche Geschäfte einem jeden Einzelnen zukommen, wobei als Grundsatz die größtmöglichste Freiheit zum Handeln bei strenger Verantwortlichkeit festzuhalten wäre. Ebenso hat die Direktion über die Heranbildung und Anstellung des Personals die bezüglichen Normen zu erlassen; sie hat darüber zu wachen, daß das Personal sich die nöthige wissenschaftliche und allgemeine, universelle, namentlich auch staatswirthschaftliche Bildung aneigne, und hat die Anstellung nach Kenntnissen und Fähigkeiten, nach Tüchtigkeit, Treue und Gewandtheit im Dienste zu leiten und resp. zu beantragen, hat ferner die Besoldungsbezüge zu reguliren, wobei als Grundsatz zu gelten hätte, daß Jeder so viel Besoldung beziehe, daß er seinen Verhältnissen angemessen, ohne Luxus, aber sorgenfrei von der Besoldung für sich und mit Familie leben könne. Die Besoldung muß im Einklange stehen mit dem vorausgegangenen Aufwande an Zeit, Studium und Geld und mit dem unschätzbaren Staatsgute, das der Forstmann verwaltet. Gehaltsvermehrungen sollten in der Hauptsache nicht durch Stellenwechsel, sondern, die Beförderung ausgenommen, nur in Folge höheren Dienstalters ermöglicht sein, indem die dem äußeren Forstbeamten durchaus nöthigen Lokalkenntnisse erst nach Jahren erworben werden können, und daher das möglichst lange Verbleiben der Bediensteten auf ein und demselben Posten im Interesse des Aerars liegt.

Es sind ferner von Seite der Direktion die Forsttaxen festzusetzen und ist die Art und Weise des Absatzes der Waldprodukte zu bestimmen.

Forstverwaltung.

Die Forstverwaltung beschäftigt sich, wie schon oben bemerkt, mit dem Betriebe des Forsthaushaltes im Walde selbst. Hiebei handelt es sich vor Allem um richtige Benützung der vorhandenen, im Walde steckenden Holzvorräthe und um zweckmäßige Heranziehung neuer. Durch gute Leitung und zweckentsprechende Ausführung der Fällungen, der Kulturen, durch gewissenhafte Ausnützung sämmtlicher Waldprodukte wird dies am vollkommensten erreicht werden.

Eine Erhöhung des Reinertrags der Waldungen kann mitetlst intensiverer Nutzung und strenger Sortirung der Hölzer, durch Verminderung der Kosten bei der Ernte des Holzes, namentlich durch Anwendung besserer Werkzeuge, durch Förderung der rationellen Ausbildung des Waldwegbaues, durch Ersparung von Kulturkosten, durch zweckmäßige Organisation der Verwaltung und des Schutzes erreicht werden.

11*

Der Forstverwalter hat alljährlich Fällungs-, Kultur- und Nebennutzungsvorschläge, sowie die betreffenden Nachweisungen zu machen, ebenso Anträge und Nachweisungen auf Wegbauten, überhaupt zur Herstellung guter Transportanstalten, Anträge nebst Nachweisung auf Forsteinrichtung, auf Jagdbetrieb.

Die Fällungsanträge und Nachweisungen sind auszuscheiden in:

I. Hochwald:

    a) Hauptnutzung:

        1. Vorbereitungshiebe,

        2. Angriffshiebe,

        3. Nachhiebe,

        4. Auszugshiebe,

        5. Plänterhiebe,

        6. zufällige Ergebnisse;

    b) Zwischennutzungen:

        7. Durchforstungen,

        8. Auszugs- und Reinigungshiebe,

        9. zufällige Ergebnisse.

II. Mittel- und Niederwaldungen.

Die Kulturanträge und Nachweisungen scheiden sich in fünf Titel, und zwar Ausgaben auf:

    1. Kulturgeräthschaften,

    2. Entwässerungs-Anstalten,

    3. Samengewinnung und Konservation,

    4. Ansaaten,

        a) Laubholz, b) Nadelholz,

    5. Pflanzungen,

        a) Laubholz, b) Nadelholz,

    6. übrige Kulturen und Verbesserungen,

        a) Schutz- und Schonungsgräben, b) Schlagpflege ꝛc.

Die Nebennutzungsvoranschläge in neun Paragraphen begreifen die Erträge:

    § 1. Aus Forstwiesen und öden Gründen.

    § 2. „ Hut- und Weidenschaften.

    § 3. „ Erd- und Steingruben.

    § 4. „ Torfstich.

§ 5. Aus Streunutzung.

§ 6.   „   Lohrindennutzung.

§ 7.   „   Mast und Holzsame.

§ 8.   „   Harznutzung.

§ 9. Uebrige Nebennutzungen (Rekognitionen, Pflanzenab=
gaben, Seegrasnutzung 2c.).

Die Anträge und Nachweisungen auf Forsteinrichtung zer=
fallen in drei Theile, und zwar in die Ausgaben:

1. auf Vermarkung,

2. auf Vermessung,

3. auf Betriebsregulirung.

Die Anträge und Nachweisungen auf Wegbauten in solche:

1. auf neue Wegbauten.

2. auf Wegbaureparaturen.

Sämmtliche Nachweisungen erstrecken sich über das technische
Detail mit Angabe der Ausgaben.

Bezüglich des Jagdertrages und des Aufwandes, dann zur
möglichst genauen Kenntniß des Wildstandes sind alljährlich
generelle Uebersichten hierüber, welche auch die Zahl des zu er=
legenden Wildes bezeichnen, anzufertigen und zur Genehmigung
in Vorlage zu bringen.

Von Wichtigkeit ist ferner die Heranziehung und Erhaltung
tüchtiger Waldarbeiter und die ununterbrochene Leitung des Forst=
schutzes nach allen Richtungen.

Waldarbeiter können an den Wald gefesselt werden: durch
entsprechende Regulirung der Lohnsätze, durch Sorge für ständige
Arbeit in Akkord, durch Ueberlassen von Waldnebennutzungen zu
mäßigem Preise, durch Erbauung von Arbeiterwohnungen, durch
Verbreitung guter Arbeitsgeräthe, durch Unterstützung bei Ver=
unglückung in ärarialischer Arbeit u. s. w.

Forstrechnungswesen.

Das Forstrechnungswesen hat den Zweck, von den finanziellen
Ergebnissen der Bewirthschaftung sich stete Kenntniß zu verschaffen.
Es beschäftigt sich mit Herstellung der verschiedenen Register über
die stattgehabten Einnahmen aus den Forsten und mit den Ab=

rechnungen über die Ausgaben, zeigt den Stand der Inventar=
stücke nach Vorrath und Abgang u. s. w.

Es sind deshalb anzufertigen, und zwar zur Aufnahme des
Materials ꝛc. und dann zur Verrechnung des Erlöses mit Be=
zeichnung der Empfänger: Nummernbücher, Schlagregister, Neben=
nutzungs= und Schußregister, ferner behufs der Verrechnung der
erlaufenen Ausgaben: Kultur=, Wegbau= und Forsteinrichtungs=
Lohnsabrechnungen, Abrechnungen auf Hauer= und Holzausfuhr=
löhne, Abrechnungen über Postporto und Botenlöhne, über Aus=
gaben auf Inventargegenstände, auf Waldhütten, auf Holzver=
steigerungskosten, auf Nebennutzungen und auf den Jagdregiebetrieb,
denen als Belege Quittungen ꝛc., Wochenlisten und Lohnzettel bei=
gegeben werden. (Wochenlisten für Taglohnarbeiten und Lohn=
zettel für Akkordarbeiten.)

Diese Abrechnnngen weisen neben dem detailirten Betrage
der Ausgaben auch die auf Grund von Abschlagslohnzetteln von
den Rentämtern erhobenen Beträge aus und bilden die rechne=
rischen Nachweisungen.

Forstgesetzgebung und Forstpolizei.

Forstgesetzgebung und Forstpolizei umfaßt alle diejenigen
gesetzlichen Bestimmungen, durch welche die freie Benützung und
Bewirthschaftung der Waldungen, vorbehaltlich der Rechte Dritter,
geschützt und geregelt wird, und zwar sowohl in Beziehung auf
Staats=, Gemeinde=, Stiftungs= und Körperschaftswaldungen,
als in Ansehung der Privatwaldungen. Der Waldbesitz kann nicht
immer als bloße Produktionsquelle angesehen werden, ohne häufig
die allgemeinen Interessen zu schädigen, daher auch dem Privat=
waldbesitzer Pflichten und Lasten bezüglich der wirthschaftlichen
Benützung seines Waldbesitzes — besonders wenn es sich um
sog. Schutzwaldungen handelt — auferlegt werden müssen. Hat
er aber hiebei im Interesse des öffentlichen Wohles größere Opfer
zu bringen, so sollte ihm billigerweise hiefür eine Entschädigung
werden, oder der Staat hätte sich in den Besitz derartiger
Waldungen zu setzen.

Die Forstgesetzgebung ordnet die Forstrechtsverhältnisse, die Ablösung, Firirung, und Umwandlung der Forstrechte, erläßt forstpolizeiliche Bestimmungen bezüglich der Privatwaldungen, bestimmt die auf Forstfrevel und Forstpolizeiübertretungen gesetzten Strafen, regelt die Aburtheilung bei den Gerichten und die Zuständigkeit und das Verfahren bei den Forstpolizeibehörden (vide Forstgesetz).

Jagdverwaltung.

In der Regel ist die Jagdverwaltung mit der Forstverwaltung verbunden, und man erkennt in neuerer Zeit gar sehr wieder den wohlthätigen Einfluß an, den die Jagd auf die Tüchtigkeit des Personals ausübt.

Ebenso ist es für den Wald selbst von großem Nutzen, wenn der verwaltende Forstbeamte auch Jäger ist; er kömmt hiebei oft an Stellen, wo er sonst selten hinkömmt. Die Jagd hat übrigens auch nationalökonomische Bedeutung, da der Werth des Wildprets, welches auf den Markt verbracht wird, wohl zu beachten ist. Der Jäger muß aber nicht nur das nützliche Wild zu fangen, zu erlegen und zu benützen, sondern auch zu erziehen und zu beschützen wissen, daher er auch die der Jagd schädlichen Thiere zu vermindern oder ganz zu vertilgen hat.

Die Geschäfte der Jagdverwaltung zerfallen in der Hauptsache in die der Leitung des Jagdschutzes, der Wildpflege, der Erlegung des Wildes, der Verwerthung des Wildprets und der Berechnung der Jagd-Einnahmen und Ausgaben. Ueber die Ausübung der Jagd, Wildschadenersatz, Bestrafung der Jagdfrevel, Behandlung der Jagd, Hegezeiten vide die einschlägigen Gesetze und Verordnungen. Die Bestrafung der Jagdvergehen und Uebertretungen richtet sich nun nach den einschlägigen Bestimmungen des Reichsstrafgesetzbuches, während für Bestrafung jagdpolizeilicher Uebertretungen die Bestimmungen des Art. 14 des Gesetzes, „den Vollzug der Einführung des R. Str. G. B. in Bayern vom 26. Dezember 1871 betr.,“ in Kraft geblieben sind. Einzelne jagdpolizeiliche Uebertretungen, wie unbefugtes Ausnehmen von Eiern oder von den Jungen jagdbaren Federwilds, sind ebenfalls im R. Str. G. B. mit Strafe belegt.

Ueber die Pflege und Erlegung des Wildes.

Behufs besserer Pflege ist das Wild, und zwar das Hochwild, im Winter mit Heu, Eicheln oder Hafer zu füttern; Sauen mit Kartoffeln und Obst; Hasen mit Möhren, Kohl und Erbsenstroh; Rebhühner mit schlechterem Weizen.

Zu einem Wildparke eignet sich am besten ein Laubholzbestand, besonders Erlenbestand mit tragbaren Feldern oder Wiesen durch=schnitten, mit frischem Wasser zur Tränke und mit Suhlen zur Ab=kühlung. (Damwild ist härter als Edelwild und erträgt schlechtere Aesung.) Im Allgemeinen können dreimal soviel Thiere, als Hirsche vorhanden sein.

Schwarz= und Damwild sollte seiner Schädlichkeit auf Feldern und in Waldungen wegen nur in Thiergärten geduldet werden, wenn auch das Schwarzwild in Kiefernforsten nützlich werden kann.

Zur Pflege und Erhaltung der Hühner gehört vor Allem Fang der Raubthiere, das Erlegen von Hunden und Katzen, An=lage von Remisen, Vorsicht beim Mähen, Verschonung der Hennen.

Zum Einsetzen der Fasanen sind Oertlichkeiten zu wählen, welche keinen Ueberschwemmungen ausgesetzt sind, und woselbst Trink= und Badwasser, dann Laubholz, insbesondere die Eberesche, vorhanden ist.

Im Allgemeinen sollte als Regel gelten, nicht mehr Wild zu schießen, als man im kommenden Jahre Zuwachs erwarten kann, das Muttergeschlecht zu schonen und die Schonungszeiten streng einzuhalten. Eine herunter gekommene Jagd kann durch Einsetzen von Wild, durch strenge Ruhe, Verminderung des Raubzeuges, durch Anlegen von Salzlecken für Hoch= und Reh=wild, durch Winterfütterung wieder gehoben werden. Beim Ein=setzen von Hoch= und Rehwild ist es hinreichend, auf 6 Stück weiblichen Geschlechtes ein männliches Stück zu rechnen; Feder=wild wird paarweise ausgesetzt, doch müssen bei späterer zu=nehmender Vermehrung sowohl bei Rebhühnern wie bei Fasanen einige Hähne weggenommen werden.

Das männliche Geschlecht aller Haarwildgattungen ist stärker als das weibliche.

Raubthiere, mit Ausnahme des Dachses, für welchen eine Hegezeit besteht, dürfen jederzeit erlegt oder gefangen werden; desgleichen die Raubvögel, mit Ausnahme der Bussarde und Eulen, von welch' letzteren nur der Schuhu gefangen werden darf. Die Raubvögel, insbesondere die Bussarde, schaden zwar der niederen Jagd und richten Verheerungen an den Bruten kleiner Vögel an, werden aber durch ihren vorherrschenden Insekten= und Mäuse= fang auch vielfach wieder nützlich.

Die Jagd wird eingetheilt: in hohe und niedere, oder auch in hohe, mittlere und niedere. Das Wild: in edles und unedles.

Bei ersterer Eintheilung rechnet man zur hohen Jagd, und zwar:

an Haarwild: das Roth=, Elen= und Damwild, das Schwarzwild (Bären und wilde Sauen), die Rehe, Gemsen und den Steinbock; die Raubthiere: Luchs und Wolf, die beiden letzteren unedel;

an Federwild: Schwäne, Trappen, Kraniche, Auerwild, Fasanen, Birk= und Haselwild und den großen Brachvogel; die Raubvögel: Reiher, Adler, Schuhu, Sperber und Habicht (der Jagd wegen edel genannt).

Zur Niederjagd:

an Haarwild: Hasen, Kaninchen, Eichhorn, Biber, Murmel= thier; als Raubthiere: Fuchs, Dachs, Fischotter, wilde Katzen (mit bis ans Ende gleich dicker und an diesem immer schwarzer fuchsartiger Ruthe), Marder, Iltiß, Wiesel, sämmtlich unedel;

an Federwild: Schnepfen, Rebhühner, wilde Gänse, Enten, Wasserhühner, wilde Tauben, Wachteln, Amseln, Kibitze, Drosseln, Schnerrer, Lerchen (die Raubvögel: Bussarde, Eulen, mit Aus= nahme des Schuhu, Raben, Krähen, Elstern, Häher, unedel).

Bei letzterer Eintheilung rechnet man zur Mittel= jagd: das Rehwild und zuweilen das Schwarzwild, sodann den Wolf, und vom Federwild: das Birk= und Haselwild, dann den großen Brachvogel (ein Schnepfenvogel mit langem Sichel= schnabel).

Zur Jagd werden verwendet, und zwar für die hohe Jagd: der Leithund, der Schweißhund und der Saufinder; zur Niederjagd: der Hühner= oder Vorstehhund, der Windhund, der Wasser= und der Dachshund. Gewöhnlich zweimal im Jahre wird die Hündin hitzig und trägt 60—63 Tage.

Der eigentlichen Dressur des Vorsteh= und Wasserhundes hat die Stubendressur vorauszugehen und besteht letztere darin, daß dem Hunde, sobald er ³/₄ Jahre alt ist, der Appell, das Setzen, Couchemachen, Avanciren, Apportiren zu Wasser und zu Land beigebracht wird; es ist durch die Stubendressur dem Hunde vor Allem unbedingte Folgsamkeit anzugewöhnen. (Ueber die weitere Dressur zur Feld=, Holz= und Wasserarbeit, dann die Dressur der übrigen Hunde mündlich.)

Haarwild.

Das Hochwild (Edel=, Elch= oder Elen= und Damwild) — im Ibenhorsterforste bei Tilsit gibt es noch circa 150 Stück Elchwild — liebt große zusammenhängende Waldungen, namentlich ruhige Walddickungen; es hält sich rudelweis beisammen, nur starke Hirsche bilden außer der Brunft besondere Rudel. Gewöhnlich führt eines der ältesten weiblichen Thiere das Rudel an, wenn es von oder zu Holz zieht. Die Brunftzeit des Hochwildes beginnt mit dem Monat September und dauert bis in die Mitte des Oktobers. Ende Mai oder Anfangs Juni setzt das Thier dann ein, selten zwei Kälber.

Die Jagd auf Hochwild resp. die Erlegung und Einfangung desselben findet statt durch die sogenannten bestätigten oder eingestellten Jagen mit Zeug (Tücher und Netze) und durch Treiben gegen die Schießschirme, durch Pürschen, den Anstand, durch Treibjagden und Buschiren.

Am sichersten wird das Hochwild auf dem Anstand erlegt wegen seines regelmäßigen Einhaltens des Wechsels, sowohl wenn es Abends auf die Aesung, als Morgens in den Wald zieht. — Im ersten Lebensjahre heißt das weibliche Thier: Wildkalb, im zweiten Schmalthier, bis es brunftet; von nun an heißt es

„Thier". Die sog. Feistzeit des Hochwildes fällt in den Monat August.

Das männliche Geschlecht, mit einem Geweihe geziert, welches im Frühjahr, bei starken Hirschen schon im Februar oder März abgeworfen und im April erneuert wird, wird im ersten Jahre mit: Hirschkalb, Spießer, im zweiten Jahre mit: „Gabler" und dann als Hirsch mit so und soviel Enden bezeichnet, beziehungsweise beim Damhirsch: Schaufler, guter und Hauptschaufler. Jagdbar ist der Hirsch, wenn er mindestens 300 Pfund wiegt. Beim Edelhirsch finden sich im Oberkiefer Eckzähne, sog. Hacken oder Graanl'n.

Das Schwarzwild oder die wilden Sauen lieben große, mit Brüchen durchschnittene Laubholzwaldungen mit vielen Dickungen, sie leben rudelweis; die starken Keiler sind aber immer allein und gesellen sich nur zur Brunftzeit zu den Bachen. Mit Anbruch der Dämmerung geht es zu Holz ins Gebräche, d. h. der Nahrung nach. Die Brunft= oder Rauschzeit der Sauen dauert von Ende November bis Januar, im März oder April frischt die Bache 4—12 Frischlinge. Sauen werden erlegt in bestätigtem Jagen, durch die Hetze, durch Pürschen, durch die Suche mit dem Finder.

Junge Sauen heißen Frischlinge, dann Jährlinge, mit 15 bis 18 Monaten werden sie fortpflanzungsfähig und heißen dann und zwar die weiblichen: Bachen und die männlichen: Keiler. Wenn der Keiler 4 Jahre alt wird, so heißt er angehendes, später gutes, von 7 Jahren an Hauptschwein. Der Keiler, wegen seiner Tapferkeit häufig zum Wappenschild gewählt, zeichnet sich wie das Schwein vor der Bache durch das Gewehr aus, bei der Bache nehmen kurze, kolbige Hacken die Stelle des Gewehres ein. Vom Oktober bis Weihnachten sind die Sauen in guten Jahren ungemein feist.

Gems= und Steinbock lieben hohe, kalte Gebirgsstöcke, der Steinbock besonders die Gletscher von Savoyen; sie leben gleichfalls rudelweis. Alte Gemsböcke halten sich außer der Brunft gewöhnlich nicht bei dem Rudel auf. Die Brunftzeit des Gems= wildes dauert von Mitte November bis Mitte Dezember, die des Steinbocks ist im Januar. Gems= und Steingeis setzen im Mai oder Juni gewöhnlich nur e i n Kitzchen.

Das männliche und weibliche Geschlecht trägt zwei Hörner, bei den Gemsen „Krickel" genannt, die niemals abfallen, jene der Geis sind viel kürzer und weniger knotig. Die Hörner des Steinbocks sind $\frac{1}{2}$—1 m lang. Gems = und Steinbock werden auf der Pürsch, auf dem Anstande oder durch Treiben erlegt. Sie halten sehr streng Wechsel und äsen schon vor der Morgen= dämmerung.

Die Rehe lieben besonders Vorberge und Ebenen; sie leben gleichfalls rudelweis, jedoch mehr in Familien zu 3—5 in einem Sprunge; die Brunftzeit des Rehwildes fällt von Ende des Monats Juli bis Ende August (Blattzeit), die Entwicklung des Embryo beginnt jedoch erst 3 Monate nach der Befruchtung; die Geis setzt im Mai ein, zwei, selten drei Kälber, nur den Bock ziert ein Gehörn, welches derselbe im Monat November abwirft, die Reproduktion desselben zeigt sich schon nach einigen Wochen.

Das Reh wird erlegt: durch Pürschen, Blatten, auf der Treibjagd und dem Anstand. Am Abende zieht es auf Aesung auf Felder und Wiesen und zieht gegen Morgen wieder in die Dickungen zurück. Im November ist der Bock am feistesten.

Im ersten Jahre heißt es Spießbock und Schmalreh; im zweiten Jahre Gabelbock, dann Bock; das weibliche „Ricke", wenn solche nicht beschlagen ist, wird sie „gelte" genannt.

Der H a s e liebt mildes Klima und solche Oertlichkeiten, wo Wald, Wiesen und Felder abwechseln. Die Rammelzeit der Hasen fängt im Frühjahr an, sobald die Witterung gelinder wird, und dauert bis September. Einen Monat nach der Begattung setzt die Häsin 2—4 Junge und setzt gewöhnlich vom Frühjahre bis Herbst 2—3 mal. Wenn der Hase $\frac{2}{3}$ seiner gewöhnlichen Größe erreicht hat, nennt man ihn Dreiläufer; man unterscheidet nach dem Aufenthalte: Feld=, Busch=, Wald= und Berghasen. Bei einbrechender Dämmerung rückt er zur Aesung ins Feld, bei der Morgendämmerung kehrt er in sein Lager zurück. Die Hasen werden erlegt: auf Treibjagden, auf dem Anstand, durch die Suche, durch die Hetze mit Windhunden und auf der Parforcejagd.

Dachs und Fuchs werden erlegt: durch Graben, Passen, auf der Treibjagd und durch Fang im Eisen, in der Regel im Schwanenhals.

Fischotter beim Anstand auf dem Ausstiege oder durch Fang mit Tellereisen.

Marder (Stein= und Edelmarder, ersterer mit weißer, letzterer mit dottergelber Kehle), Wiesel, Iltiß werden ausgemacht und erlegt bei einer Neu (frischer Schnee) oder gefangen mit Schlag=baum und Tellereisen. Namentlich kann aber der Iltiß das Ge=klirr und Wetzen eiserner Instrumente, z. B. der Sensen, nicht ertragen, daher man dieselben benutzt, um den Iltiß aus seinen Schlupfwinkeln zu jagen und zum Schuß zu bringen. Die Roll= oder Ranzzeit des Dachses ist Ende Oktober, nach neueren Beob=achtungen Ende Juli oder Anfangs August, wobei jedoch wie beim Reh das befruchtete Ei monatelang unentwickelt bliebe; des Fuchses Ende Januar bis Ende Februar; des Marder, Iltiß des=gleichen; der Fischotter in der Regel Februar, auch schon früher.

Nach 9 Wochen wölft oder wirft die Füchsin (Feh) 3—7, die Marder und die Fischotter 3—5, der Iltiß 5—7, die Dächsin im Februar 2—6 Junge. Dachs und Fischotter haben fast gleiche Fährten, doch ist die Fährte der Fischotter durch die zwischen den Zehen befindlichen Schwimmhäute, jener des Dachses an den eingedrückten Krallen kenntlich. (Die Fährten der übrigen Jagd=thiere sind den Eleven bildlich oder praktisch vorzuführen.)

Federwild.

Der Auerhahn liebt große, ruhige Waldungen, am liebsten große Nadelholzbestände mit Buchen gemischt, bei denen Höhen mit feuchten Vertiefungen abwechseln. Das Auergeflügel hält sich bis zum Einbruch der Nacht am Boden im Dickicht und steigt dann zu Baum (Einfall). Die Balzzeit, bis zu welcher die älteren Hähne abgesondert von den Hennen stehen, beginnt Ende März und dauert 4—5 Wochen bis zum Ausbruch des Buchenlaubes, die Hennen legen 5—8 Eier, welche in 3 bis 4 Wochen ausgebrütet sind; sie unterscheiden sich vom Hahne durch ihre rostbraune, mit vielen schwarzen Bändern und Flecken

versehene Färbung und sind von Haushahn-Größe. Das Auer=
wild ist sehr scheu, daher sollten die ohnehin sehr begrenzten
Balzplätze mit Holzhieben verschont, und während der Brütezeit
Holz=, Streu= und Beerensammler aus dem Rayon des Auer=
wildes möglichst abgehalten werden.

Die Auerhähne werden auf der Balz geschossen; sobald nach
dem Hauptschlage das Schleifen beginnt, während dessen der
Auerhahn kein äußeres Geräusch wahrnimmt, hat der Jäger an=
zuspringen; hört das Schleifen auf, hat er stille zu stehen, bis
das nächstfolgende Knappen und der Hauptschlag wieder vorüber
ist, und das Schleifen beginnt. Während des Schleifens soll
geschossen werden. Zur Erhaltung guter Auerwildbestände ist ge=
boten, während der Balzzeit nur alte, nicht aber auch junge
kräftige Hähne abzuschießen.

Fasanen lieben mildes Klima und buschige Feldhölzer; die
Balzzeit fängt im März an und dauert bis zum Mai; eine
Henne legt 8—12 und noch mehr Eier, welche in 3 Wochen
ausgebrütet werden. Die Fasanen werden durch die Suche mit
dem Hunde unter dem Winde, weil sie sehr gut aushalten, am
leichtesten geschossen. Während die Männchen durch glänzende
Prachtfarben sich auszeichnen, sind die Weibchen von einfach
düsterer und bräunlich gesprenkelter Farbe.

Das Birkhuhn liebt große, ruhige Waldungen mit Busch=
werk, Haide und hohe Bäume, vor Allem aber Birkenwälder.
Die Balzzeit des Birk= wie Hasel= und Schneewildes fällt in den
April und Mai; die Hennen legen 5—8 Eier, welche in 3 Wochen
ausgebrütet sind. Der Birkhahn ist von schwarzer, die Henne
von rostbrauner Farbe mit schwarzen Bändern und Flecken und
ist von Haushuhngröße; die Haselhühner sind braunroth mit
weißen und schwarzen Schuppen, das Männchen mit schwarzer
weißeingefaßter Kehle; das Schneehuhn, mit gefiederten Ständern,
ist rostbraun und weiß, mit weißen Flügeln, Bauch, After und
weißen Schwanzfedern, das Männchen mit schwarzem Zügelstreif
und über dem Auge einer mondförmigen, scharlachrothen, nackten
Stelle. Die Haselhühner bewohnen große einsame Gebirgs=
waldungen mit Laub= und Nadelholz gemischt und Haselgebüsch,

die Schneehühner halten sich vorzüglich nur im Schneegebirge oder in kalten Ländern auf, selten kommen sie zur Winterszeit in benachbarte Waldungen herab. Der Birkhahn wird in der Balzzeit aus Hütten oder durch Beschleichen auf Balzplätzen und auf das Gelock geschossen, ebenso das Haselhuhn, doch halten die Haselhühner an schönen September- und Oktobertagen auch den Hühnerhund gut aus. Junges Haselgeflügel folgt dem Gelocke zeitig im Herbste.

Das selten vorkommende Steinhuhn ist lichtgrau, mit schön rothem Schnabel und Ständern; es verbirgt sich hinter Steinen und Gestrüpp am Boden und wird, wenn es aufsteht, im Fluge geschossen.

Die Schnepfen, im Allgemeinen die Weibchen größer als die Männchen, lieben besonders etwas rauhe Gebirgswaldungen, in welchen sich Sümpfe, Wiesen und Viehtriften befinden. Im Oktober gehen sie in wärmere Weltgegenden und kommen im März und April wieder zurück. Die Paarung erfolgt in der Regel beim Strich im Frühjahre, das Weibchen legt in der Regel 4 Eier, welche in 3 Wochen ausgebrütet werden. Die Schnepfen erlegt man im Frühjahre auf dem Strich beim Anstande, durch die Suche mit dem Hühnerhunde, oder auch durch Treiben in kleineren Bezirken (Buschiren), oder durch Fangen im Steckgarn.

Die Rebhühner lieben große Felder, in welchen Wiesen und große Hecken sich befinden. Die Hähne unterscheiden sich von den Hennen durch den braunen Schild auf der Brust; sie ziehen schon Abends 4 Uhr auf die Weide. Die Paarzeit der Hühner erfolgt bei warmen Frühlingstagen; die Henne legt 10—20 Eier, welche in 3 Wochen ausgebrütet werden. Die Rebhühner werden mit Garn oder durch Treibzeug (Netz) gefangen oder durch die Suche mit dem Hunde erlegt. Ende Oktober, wenn sie nicht mehr halten, beginnt die Fangzeit.

Die Wachteln lieben mildes Klima und halten sich in Frucht= feldern und Wiesen auf. Sie kommen Anfangs Mai und ziehen im September in wärmere Gegenden. Die Paarzeit ist Mitte Juni bis Anfangs Juli und legt das Weibchen 8—14 Eier. Jagd und Fang wie bei den Rebhühnern. Das Männchen mit

größtentheils schwarzer, von einer doppelten Einfassung um=
gebener Kehle.

Die Wild=Enten (Stock=Enten) lieben die mit langem Grase
und Schilfe bewachsenen Seen und Teiche. Die Paarzeit fällt im
März und legt das Weibchen 8—14 Eier. Im Juli werden die
Jungen flügge. Die Enten erlegt man durch Treiben, durch An=
wendung des Wisches, Anstand oder besser Ansitz an Wasser=
stellen, die nicht gefrieren, und durch Fang. Junge Enten sollen
erst geschossen werden, wenn sich auf den Flügeln das weiße
Schild des sogenannten Spiegels zeigt; die Männchen im Pracht=
kleide mit tief metallisch grüner Färbung am Kopfe und Halse.

Die Wild=Tauben lieben vor Allem Vorhölzer und ruhige
Waldungen. Sie ziehen im Herbst weg und kommen im März
wieder, wo sie sich alsbald paaren. Sie brüten wenigstens zwei=
mal im Jahre. Das Weibchen legt 2 weiße Eier. Die Tauben
werden am besten auf der Sulze (Gemisch von Lehm und Salz)
geschossen oder mit Garnen gefangen. Zur Brutzeit läßt sich
das Männchen durch den Ruf leicht herbeilocken.

Zur Erlegung von Raubvögeln bedient man sich der Eulen,
namentlich des Schuhu, durch welchen auf den sogenanten Krähen=
hütten die Raubvögel herbeigelockt werden.

(Die Art und Weise der Jagdausübung, ebenso wie das Wild
aufzubrechen, auszuwerfen, zu zerwirken, zu streifen und das eßbare
zu zerlegen ist, bleibt mündlichen Erläuterungen und praktischer
Unterweisung vorbehalten.)

Einiges über das Schießen selbst.

Die höchste Schußweite sollte bei Büchsen 100—120 Schritte,
bei Flinten 45—50 Schritte sein.

Mit der Büchse wie Flinte ist unverwendet anzuschlagen und
erst dann abzuziehen, wenn das volle Korn, über die Mittellinie
der Schwanzschraube hin absehend, erblickt wird. Soll aus der
Tiefe in die Höhe geschossen werden, so muß man schärfer Korn
nehmen, im umgekehrten Falle jedoch außer dem Korn noch eine
Hand breit vom Rohre hinter dem Korne vor Augen haben. Be=
züglich des Abkommens auf laufendes oder fliegendes Wild ist

zu beachten, daß man während des Abziehens selbst noch mit dem flüchtigen Wilde fortzieht, und daß man bei allem Haar=wilde erst schießt, wenn es im Niedersprunge begriffen ist. Muß ferner spitz von vorne zu geschossen werden, so ziele man dahin, wo das Thier die Vorderläufe beim Niedersprung einsetzt, läuft das Wild querüber, so ziele man unter den Kopf, von hinten zwischen die Lauscher oder Löffel, in schräger Richtung von hinten zu auf die Vordertheile; bei Federwild von vorn auf die Schnabelspitze, bei Seitenschüssen und von hinten dicht vor die Brust.

Beim Anschlagen und Schießen ist rasch zu verfahren und muß der Oberkörper, vorzüglich auch der Kopf, ganz gerade ge=richtet sein. Beim Visiren schließen die meisten Jäger das linke Auge, besser ist es, wenn beide Augen offen bleiben.

Druckfehler-Verzeichniß.

S. 6 u. 7 lies qm statt qum u. ☐m.

S. 23, Z. 8 von oben lies: cbm statt cm.

S. 27, Z. 8 von oben lies: in Réaumur statt nach Réaumur.

S. 32, Z. 9 von oben lies: Calcium statt Calicium.

S. 34, Z. 18 von oben lies: Talkstein statt Talgstein.

S. 63, Z. 10 von oben lies: Die Hirschthiere nähren sich statt: Die Hirschthiere und das Rothwild nährt sich.

S. 130, Zeile 2 von oben lies: starken Prügel statt langen Prügel.

Empfehlenswerthe Schriften

sind unter anderen:

Aeber Mathematik:

König, Dr., Forstmathematik, herausgegeben von Dr. Grebe.

v. Winkler, Lehrbuch der Geometrie, ebene Trigonometrie, herausgegeben von Dr. Franz Baur.

Bohn, Dr., Anleitung zur Vermessung von Feld und Wald.

Ganghofer, Der praktische Holzrechner nach dem Metermaße.

Baur, Dr., Lehrbuch der niederen Geodäsie, dann von demselben die Holzmeßkunst.

Aeber Physik, Meteorologie und Klimatologie:

Pouillet-Müller, Lehrbuch der Physik.

Ebermayer, Dr., Die physikalische Einwirkung des Waldes auf Luft und Boden.

Lorenz, Dr., Lehrbuch der Klimatologie.

Weber, Rudolph, Der Wald im Haushalte der Natur und des Menschen.

Baur, Dr., Der Wald und seine Bodendecke.

Aeber Chemie:

Stöckhardt, Die Schule der Chemie.

Ebermayer, Dr., Die physiologische Pflanzenchemie.

Aeber Mineralogie und Geognosie.

Cotta, Dr., Praktische Geognosie, Gesteinslehre und Formationslehre, sowie geologische Bilder.

Naumann, Dr., Lehrbuch der Mineralogie.

Aeber Bodenkunde:

Krutzsch, Abriß der wissenschaftlichen Bodenkunde.

Heyer, Lehrbuch der forstlichen Bodenkunde und Klimalehre.

Grebe, Dr., Gebirgskunde, Bodenkunde und Klimalehre in ihrer Anwendung auf Forstwirthschaft.

Senft, Dr., Lehrbuch der Gesteins- und Bodenkunde.

Aeber Botanik:

Nördlinger, Dr., Die deutsche Forstbotanik.

Hartig, Robert, Dr., Die wichtigsten Krankheiten der Waldbäume.

Derselbe, Die Unterscheidungsmerkmale der wichtigeren in Deutschland wachsenden Hölzer.

Aeber Zoologie:

Altum, Dr., Forstzoologie.

Roßmäßler, Die Forstinsecten.

Ratzeburg, Dr., Die Waldverderber und ihre Feinde von Dr. Judeich.

Ueber Waldbau:

Heyer, Gust., Dr., Der Waldbau oder die Forstproduktenzucht.

Cotta, Waldbau.

Geyer, Dr., Der Waldbau.

Stumpf, Dr., Anleitung zum Waldbau.

Fischbach, Lehrbuch der Forstwissenschaft.

Burkhardt, Dr., Säen und Pflanzen nach forstlicher Praxis.

Ebermayer, Dr., Die gesammte Lehre der Waldstreu mit Rücksicht auf die chemische Statik des Waldbaues.

Fürst, H., Die Pflanzenzucht im Walde.

Ueber Waldwegbau:

Scheppler, Das Nivelliren und der Waldwegbau.

Schuberg, Der Waldwegbau und seine Vorarbeiten.

Ueber Forstschutz:

Heß, Dr., Der Forstschutz.

Bernhard, Die Waldwirthschaft und der Waldschutz.

Grebe, Dr., Der Waldschutz und die Waldpflege.

Hartig, Rob., Dr., Lehrbuch der Baumkrankheiten.

Ueber Forstbenutzung:

Gayer, Dr., Forstbenutzung.

König, Dr., Die Forstbenutzung, herausgegeben von Dr. Grebe.

Ueber Forsteinrichtung:

Heyer, Gust., Dr., Die Waldertragsregelung.

Judeich, Dr., Die Forsteinrichtung.

Preßler, Der rationelle Waldwirth und sein Waldbau des höchsten Reinertrags.

Kadner, Die Forstwirthschaftseinrichtung in Bayern.

Baur, Dr., Baum- und Bestandsschätzung.

Ueber Waldwerthberechnung:

Burkhard, Der Waldwerth.

Cotta, Waldwerthberechnung.

Ueber Forstpolizei und Staatsforstwirthschaftslehre:

Roth, Dr., Theorie der Forstgesetzgebung und Forstverwaltung im Staate.

Derselbe, Handbuch des Forstrechts und Forstpolizeirechts.

v. Berg, Staatsforstwirthschaftslehre.

Heiß, Der Wald und die Gesetzgebung.

Ueber Jagd:

Dietrich aus dem Winkell, Handbuch für Jäger.

Hartig, Dr., Lehrbuch für Jäger.

Diezel, Erfahrungen aus dem Gebiete der Niederjagd.